高等学校应用型特色规划教材

HTML5+CSS3任务驱动教程

赵 峰 汤 怀 主编

杨启芳 刘 闯 周春学 副主编

電子工業出版社

Publishing House of Electronics Industry

北京·BEIJING

内 容 简 介

本书共分为 11 个模块，29 个任务，主要内容包括 Web 基础知识、HTML5 标记与网页制作、网页中多媒体的应用、表格与表单、列表与超链接、CSS3 基础、CSS 美化网站元素、DIV＋CSS 网页布局等。书中内容从实际应用出发，采用任务式的编写模式，通过"知识准备"使学生快速掌握网页设计的相关基础知识；通过"任务实现"培养学生的设计思路，使学生掌握网页设计的方法和步骤；通过"思考与练习"使学生进一步巩固所学知识，拓展网页设计的应用能力。本书内容丰富、知识全面、图文并茂、步骤清晰、通俗易懂、专业性强，使学生既能掌握 HTML+CSS 网页样式与布局技术，又能解决工作中的实际问题。

本书既可作为应用型本科院校、高职高专院校计算机相关专业的教材，又可作为广大网页设计人员和网页制作爱好者的参考用书。

图书在版编目（CIP）数据

HTML5+CSS3 任务驱动教程 / 赵峰，汤怀主编. —北京：电子工业出版社，2019.3
ISBN 978-7-121-35837-1

I. ①H… II. ①赵… ②汤… III. ①超文本标记语言－程序设计－高等学校－教材
②网页制作工具－高等学校－教材 IV. ①TP312.8 ②TP393.092.2

中国版本图书馆 CIP 数据核字（2018）第 296060 号

策划编辑：刘 瑀
责任编辑：章海涛
印 刷：三河市君旺印务有限公司
装 订：三河市君旺印务有限公司
出版发行：电子工业出版社
北京市海淀区万寿路 173 信箱 邮编：100036
开 本：787×1092 1/16 印张：13.25 字数：339 千字
版 次：2019 年 3 月第 1 版
印 次：2022 年 7 月第 9 次印刷
定 价：39.00 元

凡所购买电子工业出版社图书有缺损问题，请向购买书店调换。若书店售缺，请与本社发行部联系，联系及邮购电话：（010）88254888，88258888。

质量投诉请发邮件至 zlts@phei.com.cn，盗版侵权举报请发邮件至 dbqq@phei.com.cn。

本书咨询联系方式：liuy01@phei.com.cn。

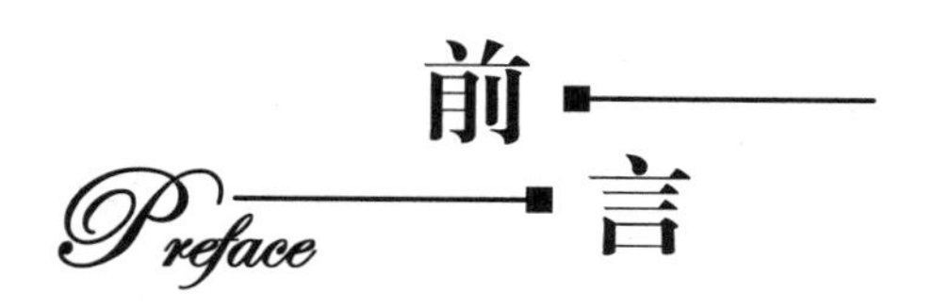

随着Internet的迅猛发展，网页制作、网站建设越来越流行，HTML5和CSS技术已成为网页制作学习的重要内容之一。本书从应用型本科和高职高专技术技能人才培养的角度出发，立足于最新的HTML5、CSS3网页前端开发的基础内容，打破传统的知识型结构，以完整的实例贯穿于各个模块，使每个模块具有明确的知识目标和能力目标，并结合两大目标划分具体任务。本书采用任务驱动的模式，按照“任务描述”→“知识准备”→“任务实现”→“任务小结”的思路编写，任务明确，重点突出，简明实用。同时，本书按照学生能力形成与学习动机发展规律进行教材目标结构、内容结构和过程结构的设计，使学生可以在较短的时间内快速掌握最实用的网页设计与制作知识。

本书共分为11个模块，29个任务，主要内容包括Web基础知识、HTML5标记与网页制作、网页中多媒体的应用、表格与表单、列表与超链接、CSS3基础、CSS美化网站元素、DIV＋CSS网页布局等内容。书中配置了丰富的任务实例，强调实践操作，注重实践能力的培养。以“任务讲解与实践”为主线，将知识内容贯穿于各个任务中，达到让学生“学中做、做中学”的目的，通过任务的演示与分析，让学生更加直观地了解每个模块要解决的问题和要达到的学习效果，这也解决了一些同类教材仅仅系统地讲解知识点而缺乏对知识点应用的讲解的问题。

本书由广东创新科技职业学院赵峰和汤怀担任主编，负责整书思路、主要框架、大纲的编写和统稿；杨启芳、刘闯、周春学担任副主编。全书编写分工如下：模块一由赵峰、刘闯编写；模块二、模块六由杨启芳编写；模块三由刘闯编写；模块四由赵峰、杨启芳编写；模块五、模块七由周春学编写；模块八、模块九由汤怀编写；模块十由汤怀、廖志超编写；模块十一由刘闯、廖志超编写。广东创新科技职业学院信息工程学院院长冯天亮教授担任主审，审阅了全部书稿并提出了宝贵的修改意见。广东朝阳企讯通科技有限公司技术研发部经理廖志超担任技术顾问，除参与编写部分模块内容外，在本书的模块设计、任务编排等方面，从企业实际工作过程和工作内容的角度给予了有益的指导。

本书提供配套资源，包括PPT、源代码、课后习题答案，读者和任课教师可登录华信教育资源网（www.hxedu.com.cn）下载。

由于时间仓促，书稿内容多，要将各个知识点融入到各个项目任务中，是一项难度很大的工作，书中难免有疏漏之处，欢迎广大读者批评指正。

编　者

目录

CONTENT

模块一　网页设计基础知识……1
任务1　Dreamweaver CC 2017的安装……1
任务描述……1
知识准备……2
1.1　Dreamweaver CC 2017的新增功能……2
任务实现……3
任务小结……4
任务2　网站的建立……4
任务描述……4
知识准备……5
1.2　网页、网站、首页……5
1.3　静态网页和动态网页……6
1.4　IP地址、域名和URL……7
1.5　HTTP和FTP……7
任务实现……7
任务小结……9
任务3　网页的基本知识……9
任务描述……9
知识准备……10
1.6　网页的基本结构……10
1.7　网页的基本内容……10
1.8　网页的表现……11
1.9　网页的行为……11
1.10　网页的Web标准……11
任务小结……12
思考与练习……12

模块二　HTML5开发基础……14
任务1　编写一个简单的HTML5页面……14
任务描述……14
知识准备……15
2.1　HTML简介……15
2.2　HTML的基本结构……16
任务实现……21
任务小结……22
任务2　设置“在线学习网”的首页文件头部信息……22
任务描述……22
知识准备……23
2.3　页面文件的头部信息……23
任务实现……26
任务小结……27
思考与练习……27

模块三　文本与段落……30
任务1　文字的基本排版……30
任务描述……30
知识准备……31
3.1　段落……31
3.2　换行……31
3.3　预格式化……31
3.4　水平线……31
3.5　各级标题……32
任务实现……32
任务小结……33
任务2　对文字进行加强描述……33
任务描述……33
知识准备……33
3.6　强调文本……33
3.7　作品标题……34

3.8 小型文本……34
3.9 标记文本的更改……34
3.10 文本的上下标……35
3.11 时间和日期……35
3.12 其他相关元素……35
任务实现……36
任务小结……36
任务3 使用块级元素和行内元素制作专业信息页面……37
任务描述……37
知识准备……37
3.13 块级元素……37
3.14 行内元素……38
3.15 <span>标记……38
任务实现……38
任务小结……40
任务4 特殊符号的使用……40
任务描述……40
知识准备……41
3.16 字符实体……41
任务实现……41
任务小结……42
任务5 添加注释……42
任务描述……42
知识准备……42
3.17 旁注……42
3.18 注释……43
任务实现……43
任务小结……44
思考与练习……44

模块四 网页中的图像与多媒体技术……46
任务1 制作“在线学习网”的平面作品展示页面……46
任务描述……46
知识准备……47
4.1 网页中的图像……47
4.2 使用<img>标记插入图像……48
任务实现……54
任务小结……55
任务2 制作“在线学习网”的广告作品展示页面……56
任务描述……56
知识准备……56
4.3 使用<object>标记在网页中插入Flash动画……56
4.4 使用<embed>标记在网页中插入多媒体内容……57
任务实现……58
任务小结……60
任务3 制作“在线学习网”的多媒体作品展示页面……60
任务描述……60
知识准备……61
4.5 网页中的多媒体内容……61
4.6 使用<video>标记在网页中插入视频……61
4.7 使用<audio>标记在网页中插入音频……63
任务实现……64
任务小结……65
思考与练习……65

模块五 应用表格布局页面……68
任务1 图书借阅详情页面的制作……68
任务描述……68
知识准备……69
5.1 表格的基本结构……69
5.2 创建表格……69
5.3 表格的其他元素……71
任务实现……72
任务小结……73
任务2 课程表的制作……73
任务描述……73
知识准备……74
5.4 跨行跨列设置……74

5.5 背景颜色设置……75
任务实现……75
任务小结……78
任务3 学院首页页面的制作……78
任务描述……78
知识准备……79
5.6 对齐方式的设置……79
5.7 宽度、高度的设置……80
5.8 背景图片的设置……80
任务实现……80
任务小结……81
思考与练习……82

模块六 创建网页中的超链接……83
任务 创建“在线学习网”页面的超链接……83
任务描述……83
知识准备……85
6.1 创建超链接……85
6.2 超链接的类型……88
任务实现……92
任务小结……96
思考与练习……97

模块七 网页表单设计……99
任务1 注册页面的设计……99
任务描述……99
知识准备……99
7.1 了解表单……99
7.2 输入元素 input……101
任务实现……105
任务小结……108
任务2 读者留言板的设计……108
任务描述……108
知识准备……108
7.3 下拉选择框元素 select……108
7.4 多行文本域 textarea……110
任务实现……111
任务小结……113
思考与练习……114

模块八 网页的 CSS 样式设计……115
任务1 网页大标题的样式设计……115
任务描述……115
知识准备……116
8.1 什么是 CSS……116
8.2 CSS 的应用……118
任务实现……119
任务小结……121
任务2 网页中的文字排版……122
任务描述……122
知识准备……123
8.3 CSS 字体样式……123
任务实现……125
任务小结……129
任务3 制作新闻列表排行榜……129
任务描述……129
知识准备……130
8.4 列表的应用……130
任务实现……133
任务小结……135
思考与练习……135

模块九 使用 DIV+CSS 布局页面……138
任务1 网页中的图文混排……138
任务描述……138
知识准备……139
9.1 CSS 盒子模型……139
9.2 CSS 浮动与定位……146
任务实现……147
任务小结……149
任务2 网页中的全图排版……149
任务描述……149
知识准备……150
9.3 CSS 背景控制……150
任务实现……152
任务小结……154
任务3 多行多列式布局……154

任务描述 …… 154
知识准备 …… 155
9.4 CSS代码优化 …… 155
任务实现 …… 157
任务小结 …… 162
思考与练习 …… 162
模块十 使用CSS3美化网站元素 …… 164
任务1 使用CSS3设计网站导航 …… 164
任务描述 …… 164
知识准备 …… 165
10.1 CSS3背景渐变及阴影 …… 165
10.2 CSS超链接样式 …… 166
任务实现 …… 166
任务小结 …… 168
任务2 使用CSS3美化表格 …… 168
任务描述 …… 168
知识准备 …… 169
10.3 HTML表格的特殊应用 …… 169
任务实现 …… 170
任务小结 …… 172
任务3 使用CSS3美化表单 …… 172
任务描述 …… 172
知识准备 …… 172
10.4 CSS属性选择器 …… 172
任务实现 …… 173
任务小结 …… 176
思考与练习 …… 176
模块十一 综合案例 …… 178
任务 学校网站的页面设计 …… 178
任务描述 …… 178
任务实现 …… 178
任务小结 …… 201
参考文献 …… 202

模块一

网页设计基础知识

依靠不计其数、丰富多彩的网站，网络迅速普及。随着网络的普及，网站成为人们获取信息的重要途径。网站是由网页按照一定的链接顺序组成的，现在越来越多的用户希望能在网络上拥有自己的个人主页或个人网站，以此来展示自己的特点和想法。同时也有越来越多的企业通过网络为用户提供更多的相关信息，宣传推广自己的产品，以这种较廉价的方式获取最大的宣传效果。本模块主要介绍与网页设计相关的基础知识。

知识目标

- 网站的相关知识
- 网页的基本构成元素
- Web 标准
- Dreamweaver CC 2017 的安装和使用

能力目标

- 掌握建立网站的相关知识
- 掌握网页的基本构成元素
- 掌握 Dreamweaver CC 2017 的安装和使用

具体任务

- 任务 1　Dreamweaver CC 2017 的安装
- 任务 2　网站的建立
- 任务 3　网页的基本知识

任务 1　Dreamweaver CC 2017 的安装

任务描述

在对一个网站进行设计时，首先一般会选用一个较为合适和方便的开发工具，Dreamweaver CC 2017 是目前比较常用的也是比较适合初学者的一款开发软件，其操作界面如图 1-1 所示。

图 1-1　Dreamweaver CC 2017 操作界面

知识准备

1.1　Dreamweaver CC 2017 的新增功能

1. 全新的代码编辑器

Dreamweaver CC 2017 借助全新的编码引擎，使用户可以更快、更灵活地编写代码。代码提示可帮助新用户了解 HTML、CSS 和其他 Web 标准，自动缩进、代码着色和可调整大小的字体等视觉辅助功能，可帮助用户减少错误，使代码更易于阅读。

2. 开发人员工作区

专为开发人员设计的全新工作区使软件性能得到提升，使软件能够快速加载和打开文件，并加快项目完成速度。

3. CSS 预处理器支持

Dreamweaver CC 2017 支持 SASS、LESS 和 SCSS 等常用的 CSS 预处理器，同时具备完整的代码着色和编译功能，可以节省时间并生成更简洁的代码。

4. 实时浏览器预览

Dreamweaver CC 2017 支持实时查看页面编辑效果，无须手动刷新浏览器。

5. HTML 文档中的快速 CSS 编辑

Dreamweaver CC 2017 新增的“快速编辑”功能为 HTML 文档中的相关 CSS 提供内联编辑器，使用户可以快速进行代码更改。

6. 快速 CSS 文档

Dreamweaver CC 2017 新增的“快速文档”功能可直接在代码视图中显示 CSS 属性的相关 Web Platform Docs 参考信息，从而节省时间。

7. 用于重复任务的多个光标

Dreamweaver CC 2017 支持一次编写多行代码，从而快速完成创建项目符号列表、更新字符串序列，以及同时进行多项编辑等任务。

8. 新式 UI（User Interface，用户界面）

根据数千位测试版测试人员的反馈，Dreamweaver CC 2017 经过重新设计，具备更直观的自定义界面，更易于访问的菜单和面板，以及仅显示所需工具的可配置的上下文工具栏。

9. UI 颜色主题

Dreamweaver CC 2017 的界面可提供从浅色到深色的四级对比度，更便于阅读和代码行编辑。

任务实现

1. 具体任务

下载并安装 Adobe Dreamweaver CC 2017。

2. 实现步骤

（1）下载 Adobe Dreamweaver CC 2017 安装文件压缩包，进行解压，双击里面的 Set-up.exe 文件，如图 1-2 所示。

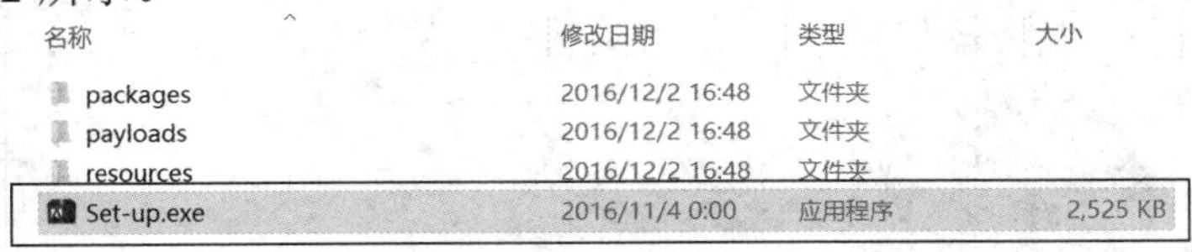

图 1-2　下载安装文件

（2）双击后，开始安装，如图 1-3 所示。

图 1-3　安装等待

（3）安装后，打开 Dreamweaver CC 2017 软件，出现其操作界面，执行“文件”→“新建”命令，创建一个 HTML5 模板，如图 1-4 所示。

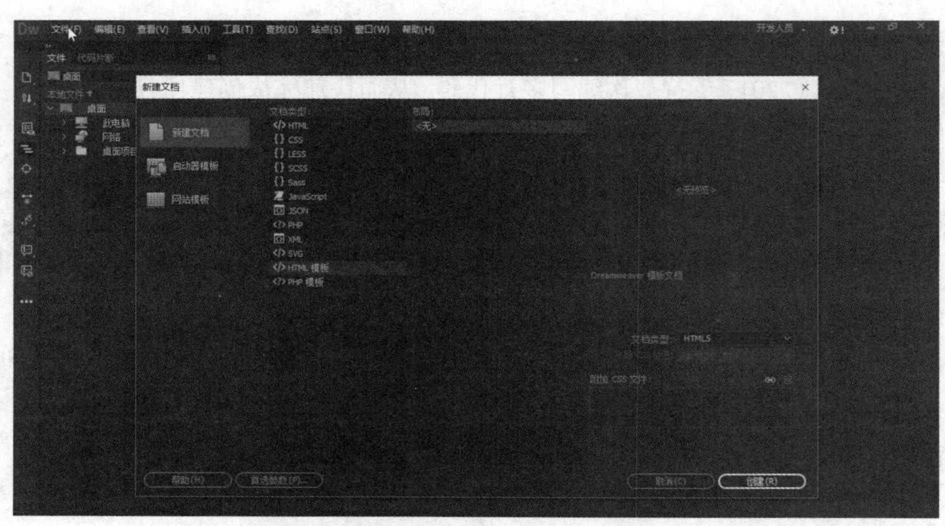

图 1-4　创建 HTML5 模板

（4）单击“创建”按钮，即可创建成功，如图 1-5 所示。

```
<!doctype html>
<html>
<head>
<meta charset="utf-8">
<!-- TemplateBeginEditable name="doctitle" -->
<title>无标题文档</title>
<!-- TemplateEndEditable -->
<!-- TemplateBeginEditable name="head" -->
<!-- TemplateEndEditable -->
</head>

<body>
</body>
</html>
```

图 1-5　成功创建 HTML5 模板

任务小结

通过本任务的学习，我们掌握了 Dreamweaver CC 2017 软件的下载、安装以及简单的使用，并了解了 Dreamweaver CC 2017 的新增功能，从而可以使用下载、安装好的 Dreamweaver CC 2017 创建网站、设计网页。

任务 2　网站的建立

任务描述

在通过网址登录到网站上，对相关网页信息进行浏览时，会涉及很多关于网站和网页的相关知识，了解了这些相关知识，我们才能更清晰地对信息进行获取。一个简单的网站如图 1-6 所示。

本任务主要使用 Dreamweaver CC 2017 建立一个网站，完成效果图如图 1-7 所示。

图 1-6　网站

实际效果

站点 - test (E:\dreamweaver cc 2017\test)

图 1-7　任务 2 的完成效果图

知识准备

1.2　网页、网站、首页

1．网页

网页（Web Page）是一种网络信息传递的载体，是构成网站的基本元素，同时是承载各种网站应用的平台，可以简单地认为：网站就是由网页组成的。用户需要通过浏览器来浏览网页，从网页中获得相关信息。网页本身就是一个文件，网页中可以有文字、图像、音频及视频等信息，它存放在世界某个角落的某台计算机中，如果想访问或者浏览它，这台计算机必须与互联网相连。

2．网站

网站（Web Site）由网页组成，因此，网站就是一个存放网络服务器上的完整信息的集合体。它是由单个或者多个网页组成的集合，如 Google、新浪，以及一些政府机关、企事业单位和个人网站等。

3．首页

首页（Home Page）是一个特殊的网页，它作为一个单独的网页时，和一般网页一样，可以存放一些相关信息，同时，它也可以作为整个网站的起始点和汇总点。

首页和主页的区别在于：在建立网站时，通常会将信息分类并建立一个网页，放置网站相关信息的目录，也就是主页。但是，不是所有的网站都会将主页设置为首页，一些网站还会将动画放在首页上，并将主页链接放在首页上，用户需要单击链接进而进入主页。

1.3 静态网页和动态网页

1. 静态网页

静态网页也称平面页，其文件名通常以.htm、.html、.shtml、.xml（可扩展标记语言）等为后缀。用户只能被动地浏览网页设计者提供的网页内容，网页内容不会发生变化（除非网页设计者修改了网页的内容）。静态网页不能实现和浏览网页的用户之间的交互，其信息流向是单向的。

静态网页的特点如下：

（1）静态网页的每个页面都有一个固定的 URL（Uniform Resource Locator，统一资源定位符），且网页的 URL 以.htm、.html、.shtml 等常见的形式为后缀；

（2）静态网页内容一经发布到网站服务器上，无论是否有用户访问，都是保存在网站服务器上的，也就是说，静态网页是保存在服务器上的文件，每个静态网页都是一个独立的文件；

（3）静态网页的内容相对稳定，因此容易被搜索引擎检索；

（4）静态网页没有数据库的支持，在网站维护方面比较麻烦，因此当网站信息量很大时，完全依靠静态网页的网站制作方式比较困难；

（5）静态网页的交互性较差，在功能方面有很大的限制；

（6）静态网页页面浏览速度很快，整个过程无须链接数据库，开启页面的速度快于动态页面；

（7）静态网页减轻了服务器的负担，工作量较少，降低了数据库的成本。

2. 动态网页

动态网页，是指与静态网页相对应的一种网页编程技术。动态网页显示的内容是可以随着时间、环境或者数据库操作的结果而发生改变的。从某种意义上来讲，凡是结合了 HTML 以外的高级程序设计语言和数据库技术进行的网页编程生成的网页都是动态网页。动态网页能与后台数据库进行交互和数据传递，动态网页的 URL 的后缀不是.htm、.html、.shtml、.xml 等静态网页的常见格式，而是.aspx、.asp、.jsp、.php、.perl、.cgi 等形式。在动态网页网址中有一个标志性的符号——“?”。

动态网页一般由服务器端和客户端实现交互。

服务器端是一个在 Web 服务器上运行的程序（服务器端脚本），用来改变不同网页上的网页内容，或调节序列，或重新加载网页。服务器端的响应用来确定各种情况，例如，超文本标记语言表单里面的数据，URL 中的参数，所使用的浏览器类型，数据库、服务器的状态等。

客户端就是浏览器端，客户端脚本完全在浏览器中运行，并控制着用户与浏览器之间的交互，同时，客户端的源代码一般都可以看到，其对最终访问用户相对公开。

动态网页的特点如下：

（1）动态网页一般以数据库技术为基础，可以大大降低维护网站的工作量；

（2）采用动态网页技术的网站可以实现更多的功能，如用户注册、用户登录、在线调查、用户管理等；

（3）动态网页实际上并不是独立存在于服务器的网页文件，只有当用户请求时，服务器才返回一个完整的网页；

（4）动态网页中的“?”，在搜索引擎检索时存在一定问题。搜索引擎一般不可能从一个网站的数据库中访问全部网页，出于技术方面的考虑，搜索时其不会抓取网址中“?”后面的内容，因此采用动态网页的网站在进行搜索引擎推广时，需要进行一定的技术处理才能适应搜索引擎的要求。

1.4　IP 地址、域名和 URL

1. IP 地址

每个连接到互联网上的主机都会被分配一个 IP 地址，IP 地址是用来唯一标识互联网上计算机的逻辑地址，机器之间的访问就是通过 IP 地址来进行的。目前 IPv4 版本的 IP 地址采用 32 位二进制数的形式表示。为了便于使用，IP 地址经常被写成十进制数的形式，每 8 位二进制数用“.”分开，称为“点分十进制表示法”，如 192.168.0.1。

2. 域名

IP 地址毕竟是数字标识，使用时不好记忆和书写，因此在 IP 地址的基础上又发展出一种符号化的地址方案，来代替数字型的 IP 地址。域名是由一串用点分隔的名字组成的互联网上某一台计算机或计算机组的名称，用于在数据传输时标识计算机的电子方位（有时也指地理位置）。网域名称系统（Domain Name System，DNS）简称域名系统，是互联网中的一项核心服务，它作为可以将域名和IP 地址相互映射的一个分布式数据库，能够使用户更方便地访问互联网，而不用去记住能够被机器直接读取的IP 地址数串，如 www.baidu.com。

3. URL

统一资源定位符（URL），俗称网址。网址格式为：<协议>://<域名或 IP>:<端口>/<路径>。其中，<协议>://<域名或 IP>是必需的，<端口>/<路径>有时可省略。如 https://www.baidu.com/。

1.5　HTTP 和 FTP

1. HTTP

HTTP（HyperText Transfer Protocol）即超文本传输协议，它是 Web 的核心。HTTP 是一种为了将位于全球各个地方的 Web 服务器中的内容发送给不特定的多数用户而制定的协议。HTTP 用于从服务器端读取 Web 页面内容，从 Web 浏览器下载 Web 服务器中的 HTML 文档及图像文件等，并临时保存在个人计算机硬盘及内存中以供显示。

2. FTP

FTP（File Transfer Protocol）即文件传输协议，它是互联网上使用非常广泛的一种通信协议，是为了互联网上的用户进行文件传输（包括文件的上传和下载）而制定的。

任务实现

1. 具体任务

使用 Dreamweaver CC 2017 建立一个网站。

2. 实现步骤

（1）打开 Dreamweaver CC 2017，执行“站点”→“新建站点”命令，如图 1-8 所示。

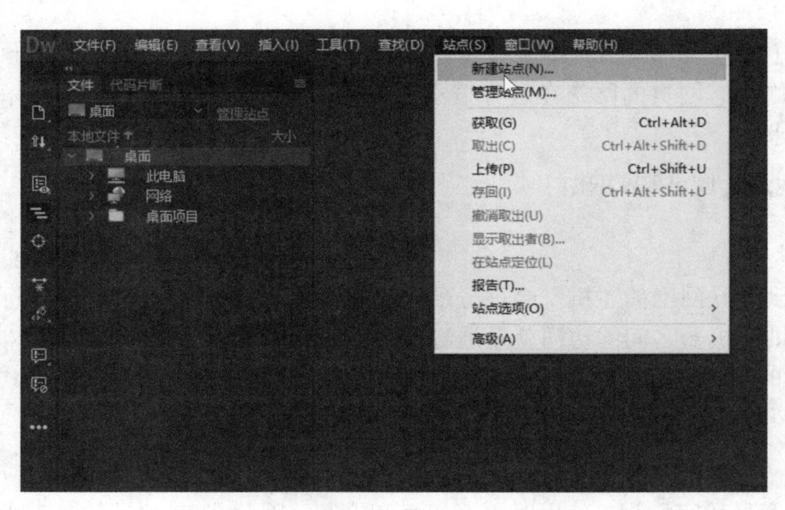

图 1-8　新建站点

（2）在弹出的“站点设置对象 test”对话框中，根据个人喜好设置站点名称和本地站点文件夹的路径，然后单击“保存”按钮，新建本地站点文件夹，如图 1-9 所示。

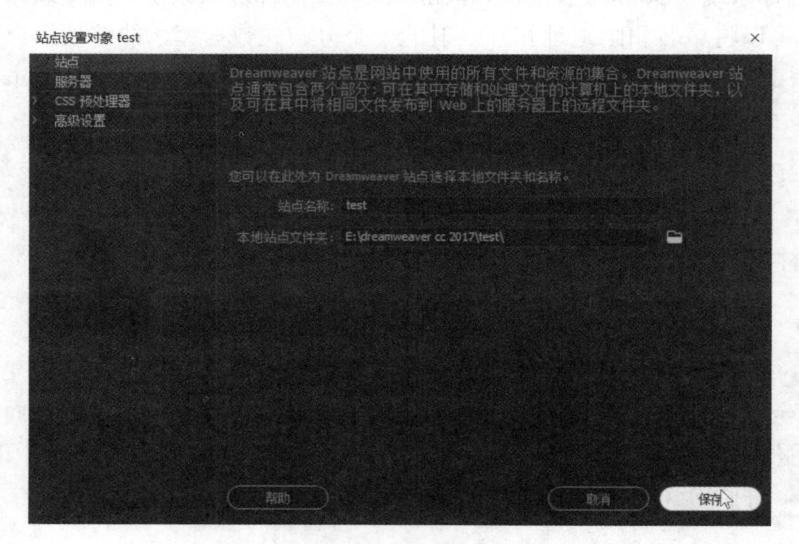

图 1-9　设置站点名称和本地站点文件夹

（3）新建站点后，若没有显示面板，可以执行“窗口”→“显示面板”命令，如图 1-10 所示。打开“文件”选项卡，可以看到新建的本地站点文件夹。

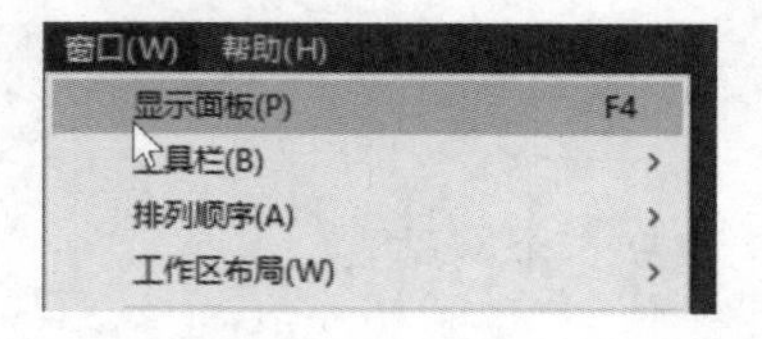

图 1-10　显示面板

（4）成功创建一个站点，效果如图 1-11 所示。

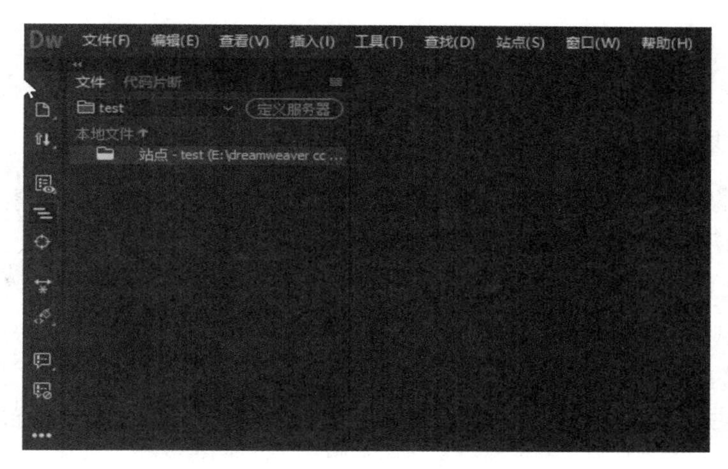

图 1-11　成功创建站点

任务小结

通过本任务，我们了解了网站和网页的基础知识，理解了静态网页和动态网页的区别，掌握了简单网站创建站点的基本流程和方法。

任务 3　网页的基本知识

任务描述

网页结构即网页内容的布局，创建网页实际上就是对网页内容的布局进行规划。网页结构会直接影响用户体验，所以了解网页的基本结构是建立一个好的网页的基础。下面以广东创新科技职业学院信息工程学院主页为例，介绍网页的基本结构，如图 1-12 所示。

图 1-12　网页的基本结构

实际效果

知识准备

1.6 网页的基本结构

从页面结构的角度上看，网页主要由导航栏、栏目及正文内容三大要素组成。网页结构的创建、网页内容布局的规划实际上也是围绕这三大要素展开的。

1. 导航栏

导航栏是构成网页的重要元素之一，是网站频道入口的集合区域，相当于网站的菜单。导航栏设计的目的是将站点内的信息分类处理，然后放在网页中以帮助用户快速查找站内信息。同时，导航栏的形式多种多样，包括文本导航栏、图像导航栏及动画导航栏等。

2. 栏目

栏目是指网页中存放相同性质内容的区域。在对网页内容进行布局时，把性质相同的内容安排在网页的相同区域，可以帮助用户快速获取所需信息，对网站内容起到非常好的导航作用。

3. 正文内容

正文内容是指网页中的主体内容。例如，对于文章类的网页，正文内容就是文章本身；而对于展示产品的网页，正文内容就是产品信息。

1.7 网页的基本内容

1. 网站 logo

通常，网站为体现其特色与内涵，都会设计并制作一个 logo 图像放置在其网站主页的左上角或其他醒目的位置。企业网站常常使用企业的标志或者注册商标作为网站 logo。一个设计优秀的 logo 可以给用户留下深刻的印象，对网站和企业形象的宣传起到十分重要的作用。

2. Banner

Banner 就是横幅，Banner 中的内容通常为网页中的广告。

3. 内容模块

网页的内容模块是整个页面的组成部分。设计人员可以通过该页面的栏目要求来设计不同模块，每个模块可以有一个标题内容，并且每个内容模块主要用来显示不同的文本信息。

4. 版尾或版权模块

版尾是页面最底端的模块，这个位置通常用来放置网页的版权信息，以及网页所有者、设计者的联系方式等。有的网站也将网站的友情链接及一些附属的导航栏放置在这里。

5. 文本

网页中的信息以文本为主。与图片相比，文本虽然不如图片那样能够很快引起用户的注意，但却能准确地表达信息的内容和含义。

6. 图片

用户在网页中使用的图片格式主要包括 GIF、JPEG 和 PNG 等，其中使用最广泛的是 GIF 和 JPEG 两种格式。

7. 超链接

超链接在本质上属于网页的一部分，是一种允许用户同其他网页或站点之间进行连接的元素。它是指从一个网页指向一个目标的链接关系，这个目标可以是另一个网页，也可以是相同网页上的不同位置，还可以是一张图片、一个电子邮件地址、一个文件，甚至是一个应用程序。

8. 动画

在网页中，为了更有效地吸引用户的注意，许多网站的广告都做成了动画形式。网页中的动画主要有两种：GIF 动画和 Flash 动画。其中，GIF 动画只能有 256 种颜色，主要用于简单动画或作为图标使用。

9. 声音

声音是多媒体网页的一个重要组成部分。用于网络的声音文件的格式非常多，常用的有 MIDI、WAV、MP3 和 AIF 等。很多浏览器不需要插件也可以支持 MIDI、WAV 和 AIF 格式的文件，而 MP3 和 RM 格式的声音文件则需要专门的浏览器播放。

10. 表格

在网页中，表格用来控制信息的布局方式，其包括两个方面：一是使用行和列的形式来布局文本和图像以及其他的列表化数据；二是使用表格来精确控制各种网页元素在网页中出现的位置。

11. 表单

网页中的表单通常用来接收用户在浏览器端的输入，然后将这些信息发送到网页设计者设置的目标端。这个目标端可以是文本文件、Web 网页、电子邮件，也可以是服务器端的应用程序。表单一般用来收集联系信息、接收用户要求、获得反馈意见、让用户注册为会员并以会员的身份登录站点等。

1.8　网页的表现

网页的表现是指网页对信息在显示上的控制，如版式、颜色、大小等样式上的控制。好的表现会使用户在浏览页面时更加舒适。

1.9　网页的行为

网页的行为也就是网页的交互操作，既可以从网页上获得所需的信息，也可以把自己的一些观念信息、见解和意见传递出去与其他人交流。

1.10　网页的 Web 标准

网页的Web 标准不是某一个标准，而是一系列标准的集合。Web 标准由万维网联盟（W3C）制定，分为结构标准、表现标准、行为标准和代码标准。

1. 结构标准

（1）可扩展标记语言（Extensible Markup Language，XML）

和HTML一样，XML 同样来源于标准通用标记语言，可扩展标记语言和标准通用标记语言都是能定义其他语言的语言。XML 设计的最初目的是弥补 HTML 的不足，以强大的扩展性满足网络信息发布的需要，后来逐渐用于网络数据的转换和描述。

（2）可扩展超文本标记语言（Extensible HyperText Markup Language，XHTML）

虽然 XML 的数据转换能力强大，大多数情况下完全可以替代 HTML，但面对成千上万已有的站点，直接采用 XML 还为时过早。因此，在 HTML4.0 的基础上，用 XML 的规则对其进行扩展，得到了 XHTML。简单地说，建立 XHTML 的目的就是实现 HTML 向 XML 的过渡。

2. 表现标准

层叠样式表（CSS）：W3C 创建 CSS 标准的目的是以 CSS 取代 HTML 表格式布局、帧和其他表现语言。纯 CSS 布局与结构式 XHTML 相结合能帮助网页设计者分离外观与结构，使站点的访问及维护更加容易。

3. 行为标准

文档对象模型（Document Object Model，DOM）：根据 W3C 的 DOM 规范（http://www.w3.org/DOM/），DOM 是一种与浏览器、平台、语言的接口，使用户可以访问页面上其他的标准组件。简单地说，DOM 解决了 Netscape 的 JavaScript 和 Microsoft 的 JScript 之间的冲突，给予 Web 设计师和开发者一个标准的方法，让他们能访问他们站点中的数据、脚本和表现层对象。

4. 代码标准

代码标准包括结束标记、大小写元素、嵌套、属性、特殊符号、属性赋值以及注释等。

任务小结

通过对一个成熟的网站的观察和学习，我们了解了建立网站时要使用的组成元素及结构和标准等，从而为以后建立一个性能良好的网站打下基础。

思考与练习

一、填空题

1．用户与服务器之间可通过_________网页进行交互。

2．一个网站可以通过_________将很多的网页链接在一起。

3．可以不用发布就能在本地计算机上浏览的页面编写语言是_________。

4．对远程服务器上的文件进行维护时，通常采用的手段是_________。

5．超文本标记语言的英文简称是_________。

6．目前，在 Internet 上应用最广泛的服务是_________。

7．Dreamweaver CC 是_________软件。

8．构成 Web 站点最基本的单位是________。

9．HTTP 的中文含义是________。

10．通常，网页的首页称为________。

二、简答题

1．简述动态网页的特点。

2．HTTP 和 FTP 的区别是什么？

3．网页的基本结构包含哪些？

三、操作训练题

1．下载并安装 Dreamweaver CC 2017，创建一个站点。

2．利用 Dreamweaver CC 2017 创建一个 HTML5 模板。

模块二

HTML5开发基础

文本、图像、表格、样式、视频等基本元素或对象的建立都是以HTML为基础的。可以说，HTML是搭建网站的基本“材料”。HTML用于编写网页，是一切网页实现的基础。在网络中，我们浏览的网页都是一个个由HTML标记构成的文档。本模块将讲解HTML5语言的基础知识，为后面各模块的学习打下基础。

知识目标

- HTML的基本定义、发展历史与特性
- HTML的语法结构
- HTML的文档结构
- HTML的语法规范
- 设置网页文件头部信息的方法

能力目标

- 掌握常见的HTML标记
- 能读懂HTML基本的文档结构
- 掌握编写基本的HTML5文档
- 掌握对网页页面的头部部分进行基本设置

具体任务

- 任务1　编写一个简单的HTML5页面
- 任务2　设置“在线学习网”的首页文件头部信息

任务1　编写一个简单的HTML5页面

任务描述

网络新技术层出不穷，但是不管技术如何变化，HTML都是网页设计的基础之一。对于网页设计者来说，代码知识是必须掌握的。在学习制作网页之前，了解相关HTML语言知识是非常必要的。

本任务用HTML标准结构编写一个简单的HTML5页面，页面效果如图2-1所示。

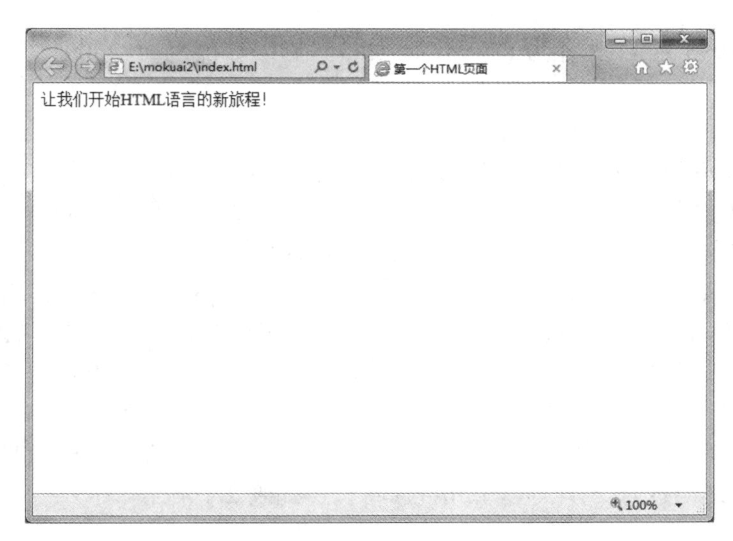

图 2-1　编写一个简单的 HTML5 页面

知识准备

2.1　HTML 简介

HTML 是网页实现的基础，在网络中，我们浏览的网页都是一个个由 HTML 标记构成的文档。浏览器只要读取 HTML 源代码，就能将其解析成网页。HTML 文档本身是一种纯文本文件，因此，我们可以使用任意一种文本编辑工具来编写 HTML 文档，如最简单的记事本工具，或者 EditPlus、HBuilder、Sublime、IntelliJ IDEA 等文本编辑工具，以及 Dreamweaver CC 等可视化编辑工具等。目前，最新的 HTML 文档是 HTML5。

1. HTML 的定义

HTML（HyperText Markup Language，超文本标记语言）是由 W3C（World Wide Web Consortium，万维网联盟）提出的，用于描述网页文档的一种标记语言。用 HTML 编写的超文本文档称为 HTML 文档，也称网页，它能独立于各种操作系统平台。

HTML 是一种规范和标准，它通过标记符号来标记要显示的网页中的各个部分。一个 HTML 文档包含很多 HTML 标记，这些标记用来告诉浏览器如何显示出文字、图像、动画并播放声音等，这些标记均由“<”和“>”符号以及一个字符串组成。

HTML 文档制作简单，但功能强大，支持不同数据格式的文件嵌入，其主要特点如下。

（1）简化性：HTML 的版本升级采用超集方式，更加灵活方便。

（2）可扩展性：HTML 采取子类元素的方式，为系统扩展带来保证。

（3）平台无关性：HTML 可以广泛使用在各种操作系统平台上。

（4）通用性：HTML 是一种简单、通用的全置标记语言，它允许网页开发者建立文本与图片相结合的复杂页面，这些页面可以被网络上任何人浏览。

2. HTML 的发展历史

HTML（第一版）：1993 年 6 月作为互联网工程工作小组（IETF）工作草案发布（并非标准）。

HTML2.0：1995 年 11 月作为 RFC 1866 发布，在 RFC 2854 于 2000 年 6 月发布之后被宣布已经过时。

HTML3.2：1996 年 1 月 14 日发布，W3C 推荐标准。

HTML4.0：1997 年 12 月 18 日发布，W3C 推荐标准。

HTML4.01（微小改进）：1999 年 12 月 24 日发布，W3C 推荐标准。

HTML5：2014 年 10 月 28 日发布，W3C 推荐标准。

在 HTML5 发展的过程中，2008 年，HTML5 的工作草案发布。由于 HTML5 能解决实际问题，所以在规范还没定稿的情况下，各大浏览器厂家已经开始对旗下产品进行升级以支持 HTML5 的新功能。这样，得益于浏览器的实验性反馈，HTML 规范也得到了持续完善，并以这种方式迅速进入对 Web 平台的实质性改进中。

HTML5 是用于取代 1999 年发布的 HTML4.01 和 XHTML1.0 标准的 HTML 标准版本，现在仍处于发展阶段。HTML5 具有以下几种新特性，如表 2-1 所示。

表 2-1 HTML5 新特性

特　性	说　明
对图形的支持	HTML5 增强了对图形的支持，相比旧版本的 Web 结构语言，HTML5 不仅可以绘制水平线和垂直线，还可以绘制更多、更复杂的矢量图形，以减少对外部图像的需求，使 Web 浏览器能以更快的速度展示图形内容
对多媒体的支持	在 HTML5 中，用户无须使用 Flash 插件和 ActiveX 控件即可播放视频和音频
语义化的标记	为了方便搜索引擎检索网页内容，HTML5 新增了多种语义化的标记，使开发者不再局限于使用<div>标记布局，而是使用<article>、<footer>、<header>、<nav>、<section>等具有明确意义的标记展示网页内容，从而使网页的代码更加直观
对本地离线内容的支持	HTML5 增强对 Web 前端脚本的支持，丰富了与用户的交互，使一些原本需要服务器来处理的内容可以离线浏览，实现无服务器的动态内容显示
新增的表单控件	在 HTML5 中，新增加了 calendar、date、time、email、url、search 等表单控件，允许开发者使用更丰富的 Web 元素与用户进行交互

2.2 HTML 的基本结构

HTML 文档包含标记和纯文本，它被 Web 浏览器读取并解析后以网页的形式显示出来。每个网页都有其基本的结构，包括 HTML 的语法格式、HTML 的文档结构、HTML 的语法规范等。

1. HTML 的语法格式

HTML 主要由标记、属性和元素组成，其基本语法格式如下：

```
<标记名 属性 1="属性值 1" 属性 2="属性值 2" …>内容</标记名>
```

（1）标记（tag）

HTML 文档的元素由 HTML 标记组成，每个标记描述一个功能。HTML 标记两端有两个包括字符："<"和">"，这两个包括字符称为尖括号。HTML 标记一般成对出现，如<table>和</table>。无斜杠的标记称为开始标记，有斜杠的标记称为结束标记，在开始标记和结束标记之间的对象是元素内容。例如，<table>表示一个表格的开始，</table>表示一个表格的结束。HTML 标记是大小写无关的，但习惯使用小写。

HTML 标记分为单标记和双标记两种。

① 单标记：只需单独使用就能完整地表达意思，这类标记的基本语法格式如下：

```
<标记名>
```

例如，最常用的换行标记
，代码如下：

```
欢迎来到广东创新科技职业学院信息工程学院<br>
```

② 双标记：它由“开始标记”和“结束标记”两部分构成，必须成对使用。其中，开始标记告诉 Web 浏览器从此处开始执行该标记所表示的功能，而结束标记告诉 Web 浏览器在这里结束该功能。开始标记前加一个斜杠（/）即成为结束标记，这类标记的基本语法格式如下：

```
<标记名>内容</标记名>
```

其中，“内容”部分就是要被这对标记施加作用的部分。

例如，段落标记<p>，代码如下：

```
<p>欢迎来到广东创新科技职业学院信息工程学院</p>
```

（2）属性（attribute）

使用 HTML 制作网页时，如果想让 HTML 标记提供更多的信息，可以使用 HTML 标记的属性来实现，许多单标记和双标记的开始标记内可以包含一些属性。在 HTML 中，属性要在开始标记中指定，用来表示该标记的性质和特性。

设置属性的基本语法格式如下：

```
<标记名 属性 1="属性值 1" 属性 2="属性值 2" …>
```

任何标记的属性都有默认值，省略该属性则取默认值。用空格隔开后可以指定多个属性，各属性之间无先后次序。

例如，表格标记<table>有 width（表格的宽度）、 align（表格相对周围元素的对齐方式）等属性，下面设置一个宽度为 1060 像素、居中对齐的表格，代码如下：

```
<table width="1060" align="center"></table>
```

属性值应该被包含在引号中，常用双引号，但是在有些情况下，单引号也可以使用，比如属性值本身包含引号时就要使用单引号，代码如下：

```
name='John "ShotGun" Nelson'
```

注意：中文引号和英文引号是不一样的，上面所指的引号都是英文状态下的引号。

（3）元素（element）

HTML 元素是由标记和属性组成的，是指从开始标记到结束标记之间的所有代码。没有内容的 HTML 元素称为空元素，空元素是在开始标记中关闭的。

例如：

```
<p>欢迎来到广东创新科技职业学院信息工程学院</p>  <!--该 p 元素为有内容的元素-->
<hr>                                              <!--该水平线 hr 元素为空元素-->
```

2. HTML 的文档结构

HTML5 文档主要包含文档开始标记和结束标记<html>…</html>、文档头部标记<head>…

</head>以及文档主体标记<body>…</body>三部分。

HTML5 文档的基本结构如下：

```
<!doctype html>                          <!--文档类型声明-->
<html>                                   <!--文档开始-->
<head>                                   <!--文档头部开始-->
<title>此处是网页标题</title>              <!--网页标题信息的开始和结束-->
</head>                                  <!--文档头部结束-->
<body>                                   <!--文档主体开始-->
此处是网页文件内容
</body>                                  <!--文档主体结束-->
</html>                                  <!--文档结束-->
```

（1）<!doctype>文档类型声明

<!doctype>用来声明文档类型，主要用于说明所使用的 HTML 的版本以及用于浏览器进行页面解析时使用的DTD（文档类型定义）文件。它必须写在HTML文档的第一行，位于<html>标记之前。<!doctype>声明不是 HTML 标记。

在 HTML4.01 及 XHTML1.0 时代，有很多种可供选择的 doctype，每一种都会指明 HTML 的版本，以及其使用的是过渡型模式还是严格型模式，既难理解又难记忆。例如，XHTML1.0 过渡型文档的声明如下：

```
<!doctype html PUBLIC "-//W3C//DTD XHTML 1.0 Transitional//EN"
        "http://www.w3.org/TR/xhtml1/DTD/xhtml1-transitional.dtd">
<html xmlns="http://www.w3.org/1999/xhtml">
```

相比于 HTML4.01 和 XHTML1.0，HTML5 在语法上发生了许多变化。HTML5 对标记的书写格式要求得很宽松，可以不用规定标记必须遵循的 DTD 文件。 HTML5 对文档类型声明进行了简化，代码如下：

```
<!doctype html>
```

在 HTML5 中，一个文档适用于所有版本的 HTML。所有浏览器（无论版本）都理解 HTML5 的 doctype，因此可以在所有页面中使用它。必须在 HTML 文档中添加<!doctype>声明，这样浏览器才能获知文档类型。

（2）<html>…</html>文档标记

这个标记是全部文档内容的容器，<html>是开始标记，</html>是结束标记，它们分别是网页的第一个和最后一个标记，其他代码都位于这两个标记之间。

（3）<head>…</head>文档头部标记

文档头部标记<head>…</head>用于提供与 Web 页面有关的各种信息，它并不放置网页的任何内容，主要用来包含 HTML 文档的说明信息，也可以在该标记之间放置 JavaScript、VBScript、CSS 等类型的脚本。

（4）<title>…</title>网页标题标记

网页标题标记<title>…</title>，必须放在<head>…</head>标记对之间。每个页面的标题都应该是简短的、描述性的，并且是唯一的。<title>…</title>标记的作用主要有以下两个。

一是设置网页的标题，告诉用户网页的主题是什么，设置的标题将出现在浏览器中的标记栏中，如图 2-2 所示。

图 2-2　网页标题的显示效果

二是用于百度、谷歌等搜索引擎的索引，作为搜索关键字及搜索结果的标题使用。搜索引擎会根据<title>标记设置的标题明确页面内容，将网页或者文章合理归类，所以标题对一个网页或者文章来说特别重要。此外，到目前为止，标题标记是搜索引擎优化（SEO）中最关键的优化项目之一，一个合适的标题可以使网站在搜索引擎中获得更好的排名。实践证明，对标题提示设置关键词时也可以使网站在搜索引擎中获得更靠前的排名。有关标题对搜索的影响，请参见本模块任务 2 中的图 2-7。

（5）<body>…</body>文档主体标记

文档主体标记包含了文档的正文内容，文字、图像、动画、超链接及其他 HTML 元素均位于该标记中。只有在<body>…</body>标记中编辑的网页对象才可以在浏览器窗口中显示。

（6）代码的注释

像很多计算机语言一样，HTML 文档也提供注释功能。用户在浏览器中是看不到这些注释的，注释只有在文本编辑器中打开文档源代码时才可见。一般使用注释的目的是在文档中不同部分加上说明，方便以后阅读、维护和修改。

注释的语法格式如下：

```
<!-- 注释的内容 -->
```

3. HTML 的常用标记

HTML5 文档核心是 HTML5 标记，标记是用来实现网页元素的最小单位。学习 HTML 语言时，除了要知道 HTML 语言的结构，更多的是学习掌握这些标记的使用方法。

HTML 语言的常用标记包括标题标记、段落标记、超链接标记、表格标记、表单标记等，如表 2-2 所示。

表 2-2 常用的 HTML 标记

标　　记	功　　能
<hn>…</hn>	标题标记，其中，n 可设置为 1~6，生成相应的 6 个标记，将文本设置为相应级别的标题，其中<h1>…</h1>标记是显示字号最大的标题，而<h6>…</h6>标记则是显示字号最小的标题
<p>…</p>	段落标记，用于定义一个段落，在该标记之间的文本将以段落的格式在浏览器中显示
 	换行标记，但不会生成新的段落
<hr>	水平线标记，在页面中插入一条水平分隔线
<img>	图像标记，在网页中嵌入图像
<a>…</a>	超链接标记，指从一个网页指向一个目标的链接关系
<ol>…</ol>	有序列表标记，创建一个有序列表
<ul>…</ul>	无序列表标记，创建一个无序列表
<li>…</li>	列表项标记，放在每个列表项之前。若在<ol>…</ol>之间，则在每个列表项前加上一个数字；若在<ul>…</ul>之间，则在每个列表项前加上一个圆点
<form>…</form>	表单标记，实现浏览器和服务器之间的信息传递
<table>…</table>	表格标记，定义一个表格的开始和结束；经常使用表格标记进行网页布局
<tr>…</tr>	行标记，定义表格的一行，一组行标记内可以建立多组由<td>标记所定义的单元格
<td>…</td>	单元格标记，定义表格单元格，一组<td>标记将建立一个单元格，<td>标记必须放在<tr>标记内
<div>…</div>	块标记，将 HTML 文档划分为若干个区域，在网页中占据一定的矩形区域，也可以作为容器，容纳其他网页设计元素

4. HTML 的语法规范

在编写 HTML 代码时，正确的书写规范是网页设计者编写良好结构文档的基础。这些文档可以很好地工作于所有的浏览器，并且可以向后兼容。HTML 的语法规范包括：

（1）HTML 标记及其属性中，字母不区分大小写，如<Html>与<html>对浏览器来说是完全相同的。但尽量用小写字母来编写标记和属性，做到格式统一，方便阅读和后期修改。

（2）结束标记要书写正确，不能丢掉斜杠（/）。

（3）属性要写在开始标记的尖括号中，放在标记名之后，并且与标记名之间要有空格；多个属性之间也要有空格；属性值最好用双引号（或单引号）引起来，引号必须是英文状态下的引号，不能是中文状态下的引号。

（4）元素之间可以嵌套，如果一个元素中包含了另一个元素，那么它就是被包含元素的父元素，被包含的元素称为子元素。但元素之间必须嵌套正确，也就是子元素必须完全地包含在父元素中，不能出现元素之间的交叉。

例如，下面的代码是正确的标记嵌套关系：

```
<p>
<a>…</a>
</p>
```

而下面的代码是错误的标记嵌套关系：

```
<a>
<p>…</a>
</p>
```

（5）标记名与左尖括号之间不能留有空格，如< body>是错误的。

任务实现

1. 具体任务

（1）创建一个 HTML5 页面。

（2）设置该页面标题为“第一个 HTML 页面”。

（3）设置该页面显示的内容为“让我们开始 HTML 语言的新旅程！”。

2. 实现步骤

（1）打开“记事本”软件。单击 Windows 系统下的“开始”按钮，在“程序”菜单中的“附件”子菜单中，单击“记事本”选项，打开“记事本”软件，如图 2-3 所示。

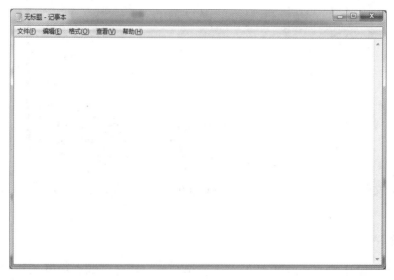

图 2-3　记事本

（2）创建新文件，并按 HTML5 语法规范编辑。在“记事本”软件窗口中输入以下 HTML5 代码。注意：代码编写时，除了中文汉字的输入，其他内容都要在英文状态下输入。

```
<!doctype html>
<html>
<head>
<meta charset="utf-8">
<title>第一个 HTML 页面</title>
</head>
<body>
让我们开始 HTML 语言的新旅程！
</body>
</html>
```

（3）保存网页文件。单击“记事本”中的“文件”菜单，执行“保存”命令。此时将出现“另存为”对话框，如图 2-4 所示。选择文件要存放的路径（放在已经创建好的站点的根目录文件夹中），在“文件名”文本框输入以.html 为后缀的文件名，如 index.html（或 default.html），在“保存类型”下拉列表框中选择“所有文件（*.*）”项，在“编码”下拉列表框中选择 UTF-8，最后单击“保存”按钮，将记事本中的内容以网页文件的形式保存在站点的根目录文件夹中。

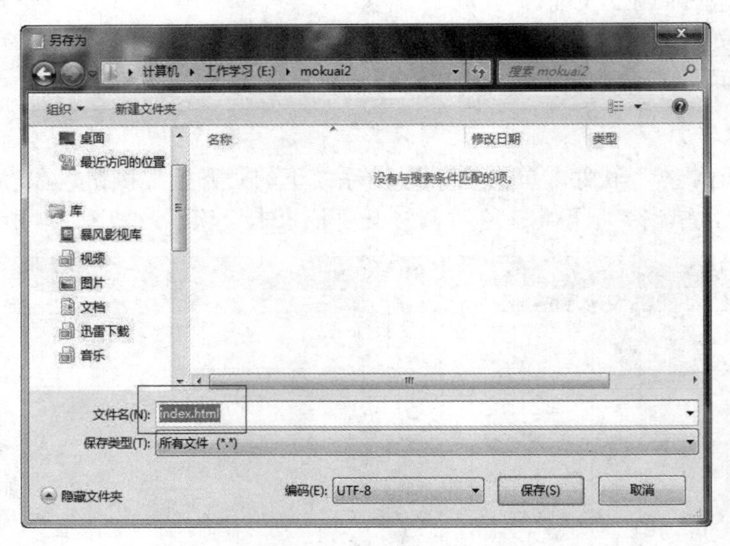

图 2-4 “记事本”的“另存为”对话框

（4）在相应文件夹中找到刚刚保存的 index.html 文档，并用浏览器打开，运行代码，效果如图 2-1 所示。

任务小结

HTML 是网页设计中的基础语言之一，应当了解 HTML5 的文档结构和语法规则，熟练掌握 HTML5 的编写。认识和学习 HTML5 有助于用户学习和使用网页编辑软件进行网页的设计与制作。

任务 2　设置“在线学习网”的首页文件头部信息

任务描述

网页页面头部内容是网页的重要组成部分，头部中包含很多非常重要的信息，掌握网页页面头部的设置方法可使网页被更多用户访问。

在我们制作的网页中，要想让它能够获得更多用户的访问，最好的方法就是让用户通过搜索引擎找到我们的网址，于是我们的网页需要有关键词用于让搜索引擎识别。HTML 中的<meta>标记能够实现这个功能，将页面的关键信息写入，搜索引擎就能够识别。

本任务使用<meta>标记设置“在线学习网”的首页文件头部信息，运行效果如图 2-5 和图 2-6 所示。

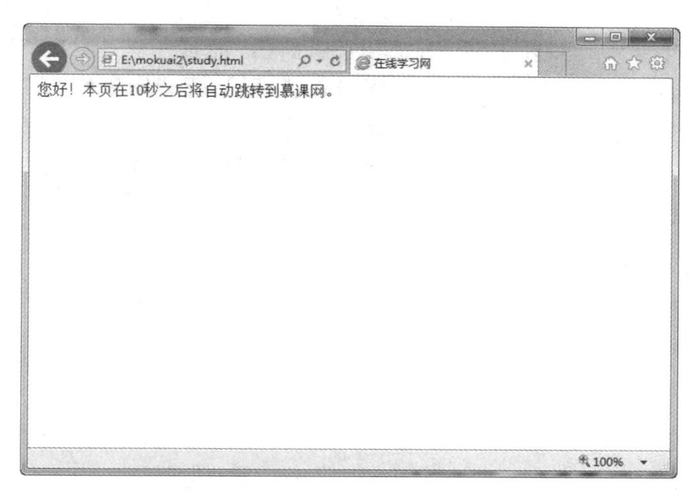

图 2-5　设置网页头部信息后的页面

图 2-6　自动跳转后的页面

知识准备

2.3　页面文件的头部信息

在网页的头部<head>和</head>标记所包含的部分中，通常存放一些介绍页面内容的信息，如页面标题、关键词、网页描述、页面大小、更新日期和网页快照等。其中，网页标题及页面描述称为网页的摘要信息，通过<meta>标记进行设置。如果开发者希望自己发布的网页能被百度、谷歌等搜索引擎搜索到，在制作网页时就需要注意编写网页的摘要信息。

1. <meta>标记

元数据（meta data）是关于数据的信息。

<meta>标记是页面头部部分中的一个辅助性标记，能提供关于 HTML 文档的元数据。元数据不会显示在页面上，但是对于机器是可读的。meta 元素用于编写页面描述、关键词、文档的作者、最后修改时间以及其他元数据。

<meta>标记始终位于 head 元素中。元数据可用于浏览器（如何显示内容或重新加载页面）、搜索引擎（搜索关键字）或其他 Web 服务。

2. <meta>标记属性

<meta>标记设置的内容都是通过<meta>标记中的相应属性来实现的。<meta>标记的功能虽然强大，但使用却很简单，它包含 4 个属性，各属性的描述如表 2-3 所示。

表 2-3 <meta>标记的属性

属　性	描　述
charset	设置页面使用的字符集
name	以键/值对的形式设置页面描述信息，其中，键指定设置项目，由 name 属性设置，值由 content 属性设置
content	设置 http-equiv 或 name 属性所设置的项目对应的值
http-equiv	以键/值对的形式设置一个 HTTP 标题信息，其中键指定设置项目，由 http-equiv 属性设置，值由 content 属性设置

3. 使用<meta>标记设置页面字符集

<meta>标记可以设置页面内容所使用的字符集，浏览器会据此来调用相应的字符编码显示页面内容和标题。当页面没有设置字符集时，浏览器会使用默认的字符集显示。简体中文操作系统下，IE 浏览器的默认字符编码是 GB2312，Chrome 浏览器的默认字符编码是 GBK。所以当页面字符集设置不正确或者没有设置时，文档的编码和页面的编码有可能不一致，将导致网页中的中文内容和标题在浏览器中显示为乱码。

在 HTML 页面中，常用的字符编码是 UTF-8。UTF-8 又称“万国码”，它涵盖了地球上几乎所有国家和地区的文字。我们也可以把它视为一个世界语言的“翻译官”。有了 UTF-8，就可以在 HTML 页面上写中文、英文、韩文等语言的内容。默认情况下，HTML 文档的编码也是 UTF-8，这就使文档编码和页面内容的编码一致，这样的页面在世界上几乎所有地区都能正常显示。

在 HTML5 中，有一个新的 charset 属性，它使字符集的设置更加简化。其基本语法格式如下：

```
<meta charset="字符集">
```

例如，下面的代码告诉浏览器，网页使用的字符集为 UTF-8，代码如下：

```
<meta charset="utf-8">
```

4. 使用<meta>标记设置作者信息

在页面的源代码中，可以显示页面制作者的姓名及个人信息。其基本语法格式如下：

```
<meta name="author" content="作者的姓名">
```

例如，将作者的姓名“李小茗”添加到网页的源代码中，代码如下：

```
<meta name="author" content="李小茗">
```

5. 使用<meta>标记设置网页搜索关键词

关键词是为了便于搜索引擎搜索而设置的，它的作用主要体现在搜索引擎优化。为提高网页在搜索引擎中被搜索到的概率，可以设定多个与网页主题相关的关键词。不同的关键词之间使用逗号分隔。需要注意的是，虽然设定多个关键词可提高网页被搜索到的概率，但目前大多数的搜索引擎在检索时都会限制关键词的数量，一般不超过 10 个，关键词多了反而会分散关键词的优化，影响排名。关键词标记中的内容要与网页核心内容相关。

设置网页搜索关键词的基本语法格式如下：

```
<meta name="keywords" content="关键词 1,关键词 2,关键词 3,…">
```

例如，定义针对搜索引擎的关键词，代码如下：

```
<meta name="keywords" content="网页制作,HTML,Dreamweaver">
```

6. 使用<meta>标记设置网页描述信息

网页描述信息主要用于概述性地描述页面的主要内容，是对关键词的补充性描述，当描述信息包含部分关键词时，会作为搜索结果返回给用户。像关键词一样，搜索引擎对描述信息的字数也有限制，一般允许 70~100 个字，所以网页描述信息的内容也应尽量简明扼要。

设置网页描述信息的基本语法格式如下：

```
<meta name="discription" content="描述内容">
```

例如，在网页中设置为网站设计者提供的网页制作的说明信息，代码如下：

```
<meta name="discription" content="这是一个在线学习平台，拥有系统前端和移动开发等课程。">
```

当用户在百度搜索框中输入“菜鸟”时，会搜索到菜鸟网站页面，同时在返回的搜索结果中，会以“菜鸟教程-学的不仅是技术，更是梦想！”作为搜索结果的标题，而返回的搜索结果描述信息则是该网页设置的网页描述信息，如图 2-7 所示。

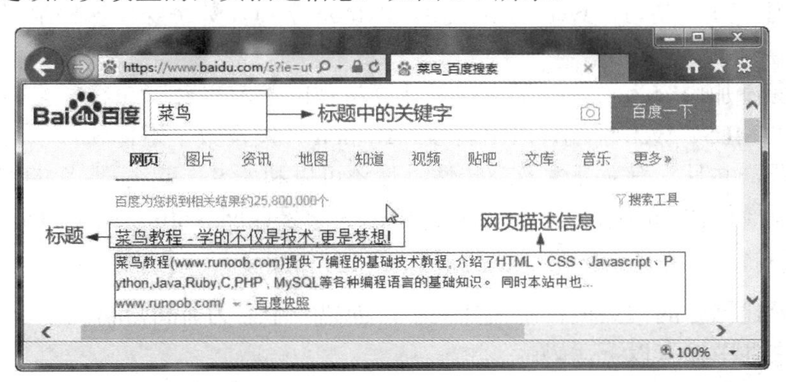

图 2-7 使用标题、网页描述信息搜索网页的结果

7. 使用<meta>标记设置网页刷新时间

使用<meta>标记可以实现每隔一定时间刷新页面内容，该时间默认以秒为单位。这一功能常用于需要实时刷新页面的场合，如网络现场图文直播、聊天室、论坛信息的自动更新等。

设置网页刷新时间的基本语法格式如下：

```
<meta http-equiv="refresh" content="刷新间隔时间">
```

例如，将网页设置为每隔 10 秒自动刷新，代码如下：

```
<meta http-equiv="refresh" content="10">
```

8. 使用<meta>标记设置网页自动跳转

使用 http-equiv 的属性值 refresh，不仅能够完成网页页面的自动刷新，也可以实现页面之间的跳转。这一功能目前已被越来越多的网页使用。例如，当网站地址有变化时，我们希望在当前页面中等待几秒后自动跳转到新的网站地址；或者希望首先在一个页面上显示欢迎信息，然后经过一段时间后，自动跳转到指定的其他页面上。

设置网页自动跳转的基本语法格式如下：

```
<meta http-equiv="refresh" content="刷新间隔时间";url="页面地址">
```

例如，将网页设置为 10 秒之后，自动跳转到中国大学慕课网的首页（https://www.icourse163.org），代码如下：

```
<meta http-equiv="refresh" content="10";url="https://www.icourse163.org">
```

任务实现

1. 具体任务

（1）设置制作 study.html 页面的头部信息，该网页文档的标题为“在线学习网”。

（2）设置网页字符集为“UTF-8”。

（3）添加页面作者信息，作者为“李小茗”。

（4）设置页面关键词：“IT 在线学习，IT 在线教育，IT 在线培训，IT 精品课，移动端学习，HTML 学习，PHP 学习，Web 前端学习，Python 学习，数字媒体软件学习，多媒体软件培训”。

（5）给页面添加内容为“在线学习网是计算机技能学习平台。在线学习网提供了丰富的移动端开发、HTML5、Web 前端、PHP 开发、Python 开发及数字媒体软件学习等视频教程资源、在线开放课，并且富有交互性及趣味性，你还可以和朋友一起编程。”的网页描述信息。

（6）设置页面停留 10 秒后，自动跳转到中国大学慕课网（https://www.icourse163.org）。

2. 实现步骤

（1）在已经建立好的站点根目录文件夹中，创建一个名为 study.html 的文件。

（2）在该文件中输入以下代码：

```
<!doctype html>
<html>
<head>
<title>在线学习网</title>
<meta charset="utf-8">
<meta name="author" content="李小茗">
```

```
    <meta name="keywords" content="IT 在线学习，IT 在线教育，IT 在线培训，IT 精品课，移动端学习，HTML 学习，PHP 学习，Web 前端学习，Python 学习，数字媒体软件学习，多媒体软件培训">
    <meta name="description" content="在线学习网是计算机技能学习平台。在线学习网提供了丰富的移动端开发、HTML5、Web 前端、PHP 开发、Python 开发及数字媒体软件学习等视频教程资源、在线开放课，并且富有交互性及趣味性，你还可以和朋友一起编程。">
    <meta http-equiv="refresh" content="10;URL=https://www.icourse163.org">
    </head>
    <body>
    您好！本页在 10 秒之后将自动跳转到中国大学慕课网。
    </body>
    </html>
```

（3）保存 study.html 文件，运行代码，查看网页效果并进行适当的修改和调试，其网页效果如图 2-5 所示。在 10 秒之后，网页自动跳转到了中国大学慕课网，如图 2-6 所示。

任务小结

页面文件头部信息包括标题、作者、关键词、是否自动刷新等内容，正确设置页面文件头部信息是制作网页的必要前提。文件头部信息 meta 元素包含在页面的<head>和</head>标记中。

思考与练习

一、填空题

1．HTML 的中文名称为________，是一种文本类的由________解释执行的标记语言。

2．用 HTML 语言编写的文档称为________，HTML 文档的扩展名可以是________或者.htm。

3．静态网站首页一般命名为________或者________。

4．HTML 文档的头部部分使用________标记来标识，主体部分使用________标记来标识。

5．用于设置页面标题的是________标记。

6．在某一聊天页面中，如果希望每隔 2 秒显示最新聊天信息，应将<meta>标记代码设置为________。

7．<head>标记可以提供网页标题信息和页面描述信息的设置，分别使用属性__________和________，前者用于设置网页标题信息，后者用于设置页面描述信息。

二、简答题

1．什么是 HTML 语言？

2．doctype 是什么？出现在什么位置？

3．HTML 文档的基本结构包括哪几部分？

4．编写 HTML 文档的方法有几种？分别是什么？

5．在网页中，语言的编码方式有哪些？

三、操作训练题

1．分别使用记事本和 Dreamweaver CC 2017 软件创建一个简单的 HTML 网页文档。

（1）打开“记事本”软件，在其窗口中编写下面的代码：

```
<!doctype html>
<html>
<head>
<title>古诗一首——静夜思</title>
</head>
<body>
<h2>静夜思</h2>
<p>李白</p>
<p>
床前明月光，疑是地上霜。<br>
举头望明月，低头思故乡。</p>
</body>
</html>
```

（2）保存为 jingyesi.txt 后，将其扩展名.txt 改为.html，即 jingyesi.html。

（3）在 IE 浏览器中打开 jingyesi.html，即可浏览到如图 2-8 所示的结果。注意观察代码中的“古诗一首——静夜思”的位置。

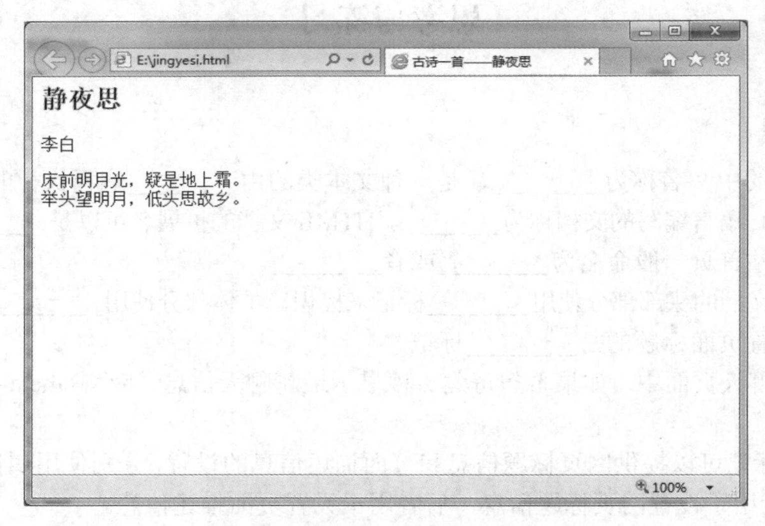

图 2-8 “古诗一首”运行结果

2．上网浏览一个网页，并查看其源代码。

（1）打开中国大学慕课网（https://www.icourse163.org）首页。

（2）在 IE 浏览器中的菜单栏上，执行“查看”→“源文件”命令，可查看当前网页的源代码。

（3）将此代码复制并粘贴到打开的“记事本”软件的文档中。

（4）在代码中仔细找一找学习过的相关的 HTML 标记，讨论这些标记在网页中的作用。

3．创建一个电脑配件商城网页（shop.html），并按如下要求设置页面头部信息。

（1）设置网页字符集为“UTF-8”。

（2）设置网页标题为“电脑配件商城——通向计算机世界的桥梁”。

（3）设置网页搜索关键词为“电脑配件批发，批发电脑配件，电脑配件货源，电脑配件进货，数码配件批发，电脑配件，中国电脑配件”。

（4）设置网页描述信息为“电脑配件商城网为全国的电脑商家提供丰富的电脑配件批发服务，批发电脑配件，是电脑配件的货源，是您最佳的网络电脑配件商。”

（5）设置网页停留 6 秒后自动跳转到太平洋电脑网（http://www.pconline.com.cn）上。

模块三

文本与段落

文本元素在网页中是最基本的元素之一，我们可以通过网页中的文本直接获取到相应的信息，本模块主要学习文本的基本样式和段落的创建。

知识目标

- 文本和段落的基本样式设计
- 各级标题的使用
- 列表的使用

能力目标

- 掌握文本和段落的使用
- 掌握文本和段落的基本样式设计
- 掌握各级标题的使用
- 掌握不同列表的使用

具体任务

- 任务 1　文字的基本排版
- 任务 2　对文字进行加强描述
- 任务 3　使用块级元素和行内元素制作专业信息页面
- 任务 4　特殊符号的使用
- 任务 5　添加注释

任务 1　文字的基本排版

任务描述

在使用文字来传递信息时，通常会使用一些基本样式设计使用户在获取信息时能够一目了然，经过基本样式设计后的文字效果如图 3-1 所示。

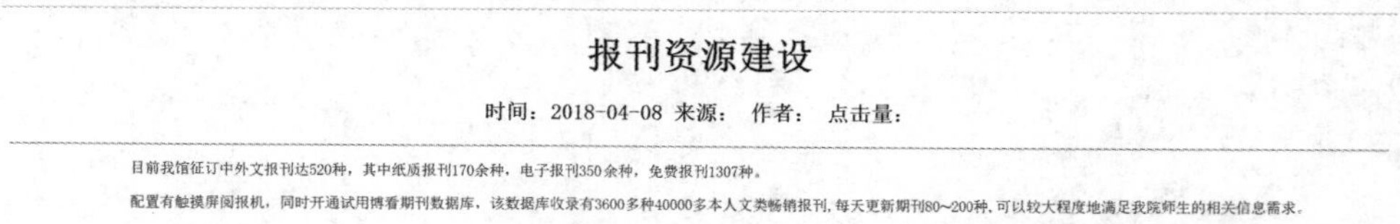

报刊资源建设

时间：2018-04-08 来源： 作者： 点击量：

目前我馆征订中外文报刊达520种，其中纸质报刊170余种，电子报刊350余种，免费报刊1307种。

配置有触摸屏阅报机，同时开通试用博看期刊数据库，该数据库收录有3600多种40000多本人文类畅销报刊，每天更新期刊80~200种，可以较大程度地满足我院师生的相关信息需求。

图 3-1　文字效果图

知识准备

3.1　段落

在将页面中的文字标记为段落时，通常会使用<p>…</p>对文字进行标记，浏览器会自动地在段落的前后添加空行。并且这个标记必须要成对出现，在段落开始处添加<p>，结束处添加</p>。例如：

```
<p>这是一个段落</p>
```

3.2　换行

在对 HTML 文档进行编辑时，回车键是不能实现换行功能的，若要实现换行，则需要使用
标记，在需要换行的位置添加
即可。一个
标记表示换一行，要实现换多行需要使用多个
。虽然两个
标记效果上和<p>标记类似，但是从文档结构上分析还是有所不同的，换行标记不能视为描述文档结构的行为，若要实现段落，还应使用<p>标记。例如，对一段文字强制换行的代码如下：

```
<p>
截止到 2014 年 8 月底，我院图书馆纸质图书的馆藏量已经达到 61.58 万册，其中图书 104000 余种，纸质报刊 170 余种。<br/>
随着学院规模的发展，根据《普通高等学校基本办学条件指标（试行）》中规定的生均图书册数的相关指标要求，我们将继续逐步分阶段地进行馆藏资源建设。同时图书馆正着手建设各种数据库资源，并探求馆际合作，为学院教学以及科研提供良好的信息资源保障。
</p>
```

3.3　预格式化

在对 HTML 文档进行编辑时，有时会希望一些文本在浏览器中显示的效果就是在 HTML 文档中编辑的格式，这时可以使用<pre>标记，这个标记也是成对出现的：<pre>…</pre>，被这对标记括起来的文本通常会保留其空格及换行等格式。以一段文字为例，具体使用方法如下：

```
<pre>
9 月 2 日，2018 级新生报到的日子，创新学院校园装扮一新，喜气洋洋。
学校教务处、学生处、招生就业办等职能部门与 7 个二级院系在四大教学楼架空层集中设摊位供新生注册报到。校领导、工作人员和志愿者周到热情地为前来报到的新生和家长、亲友服务，确保每个环节都畅通无阻。
</pre>
```

3.4　水平线

在浏览网页时会经常看到用水平线来分隔文字类别或内容，该功能可以使用<hr>标记来实现。它和
一样，是一个空标记。下面以信息工程学院简介的样式为例，介绍水平线标记<hr>的用法：

```
<pre>
信息工程学院简介
```

```
</pre>
<hr/>
<pre>
广东创新科技职业学院信息工程学院于 2015 年 9 月在计算机与通信系的基础上组建。从 2011
年开始招生，经过五年的发展，现有在校学生 2200 多名，已开设计算机应用技术、通信技术、计算
机网络技术、软件技术、电子信息工程技术、动漫制作技术 6 个专业 14 个专业方向，2016 年招收
电信服务与营销专业。
</pre>
```

上述代码实现的效果如图 3-2 所示。

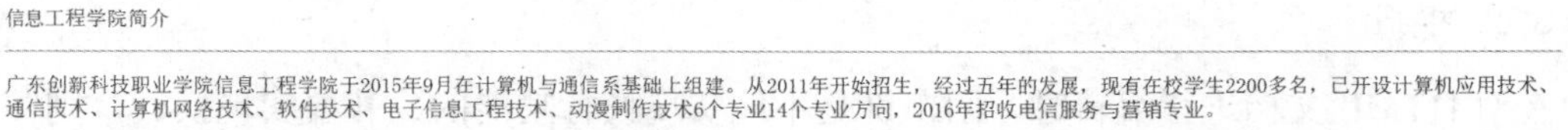

信息工程学院简介

广东创新科技职业学院信息工程学院于2015年9月在计算机与通信系基础上组建。从2011年开始招生，经过五年的发展，现有在校学生2200多名，已开设计算机应用技术、通信技术、计算机网络技术、软件技术、电子信息工程技术、动漫制作技术6个专业14个专业方向，2016年招收电信服务与营销专业。

图 3-2　添加水平线后的效果图

3.5　各级标题

在使用 Word 软件编辑文档时，经常会使用标题样式直接创建不同样式的标题。在一段文字中，最基本的文本结构通常会分为不同等级的标题和正文，利用不同等级的标题使文字的结构更加清晰。HTML 文档中包含 6 级标题，分别用<h1>～<h6>来标记，数字越大，字号越小，即<h1>标记字号最大的标题，<h6>标记字号最小的标题。设置这几个级别的标题的代码如下：

```
<h1>一级标题</h1>
<h2>二级标题</h2>
<h3>三级标题</h3>
<h4>四级标题</h4>
<h5>五级标题</h5>
<h6>六级标题</h6>
```

任务实现

1．具体任务

（1）创建一个 HTML5 页面，为文档各个标题添加不同级别的标题标记；

（2）添加水平线分隔题目和主体内容；

（3）使内容保留文档原有格式。

2．实现步骤

（1）在 Dreamweaver CC 2017 中创建一个空白 HTML5 页面，保存为 test.html，文档中包含<head>、<body>等基本的 HTML 结构。代码如下：

```
<!doctype html>
<html>
<head>
    <meta charset="utf-8"/>
    <title>文字基本样式设计</title>
```

```
</head>
<body>
</body>
</html>
```

（2）在<body>标记中，使用标题标记<h1>将标题名设置为一级标题，并利用<h3>将作者名等信息设置为三级标题：

```
<h1 align="center">报刊资源建设</h1>
<h3 align="center"><b>时间：2018-04-08 来源： 作者： 单击量：</b></h3>
```

（3）添加一条水平线，使用<pre>标记添加原有格式的内容：

```
<hr/>
<pre>
目前我馆征订中外文报刊达520种，其中纸质报刊170余种，电子报刊350余种，免费报刊1307种。
配置有触摸屏阅报机，同时开通试用博看期刊数据库，该数据库收录有3600多种40000多本人文类畅销报刊，每天更新期刊80～200种，可以较大程度地满足我院师生的相关信息需求。
</pre>
```

（4）运行代码，得到如图3-1所示的效果。

任务小结

通过本任务，我们学习了关于文字和段落基本样式设计的相关标记的使用方法。通过这些标记，网页中的文本结构将更加清晰，用户在浏览的过程中能够直观、清晰、舒适地阅读文字信息。

任务2 对文字进行加强描述

任务描述

在浏览网页文字时，有很多较为突出的文字需要作为重要信息让用户快速捕捉到，这就需要将文本结构化，对一些载有重要信息的文本进行强调，效果如图3-3所示。

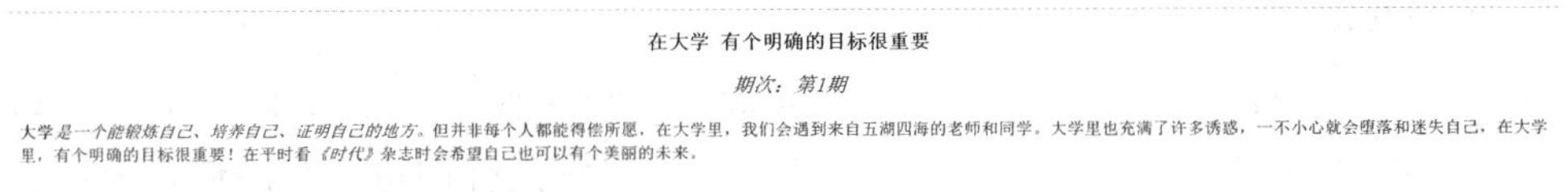

在大学 有个明确的目标很重要

期次：第1期

大学*是一个能锻炼自己、培养自己、证明自己的地方*。但并非每个人都能得偿所愿，在大学里，我们会遇到来自五湖四海的老师和同学。大学里也充满了许多诱惑，一不小心就会堕落和迷失自己，在大学里，有个明确的目标很重要！在平时看*《时代》*杂志时会希望自己也可以有个美丽的未来。

图3-3 文字强调效果图

知识准备

3.6 强调文本

在对文本信息进行强调时，可以使用<b>、<strong>、<i>和<em>标记，其中<b>和<strong>对文本进行加粗处理，<i>和<em>对文本进行倾斜处理。

1. <b>标记

<b>标记能对文字进行加粗处理，用来突出文字。此标记也是成对出现的，中间的文本即为要加粗处理的文本，其语法格式如下：

```
<b>加粗突出文本</b>
```

2. <strong>标记

<strong>标记在 HTML4.0 中为加强强调文本（strong emphasized text），在 HTML5 中变为重要文本（important text）。其语法格式如下：

```
<strong>重要文本</strong>
```

3. <i>标记

<i>标记原本用于使文本倾斜，现在主要用其来表示一些与文本不同的部分内容。例如，外文及一些专业术语等，其语法格式如下：

```
<i>斜体文本</i>
```

4. <em>标记

<em>标记在 HTML5 中表示强调文本（emphasized text），其语法格式如下：

```
<em>强调文本</em>
```

这 4 个突出文档内容的标记，从视觉上看，<b>和<strong>呈现出了文字加粗的效果，<em>和<i>呈现出了文字倾斜的效果，但从定义上看，四者存在着一定的区别。

3.7 作品标题

在一段文字中有时会涉及一些作品名、书籍名、歌曲名及电视节目名等标题，这时可以使用<cite>标记来处理。其语法格式如下：

```
<p>
    <cite>《高等数学》</cite>是大学生的必修课。
</p>
```

3.8 小型文本

在浏览网页时，会发现在有的网页下方有一些注解或者版权等信息用小型文本进行呈现，一般使用<small>来标记小型文本，小型文本不会忽略文本的强调也不会降低重要性。其语法格式如下：

```
<small>举报电话：010-XXXXXXX</small>
```

3.9 标记文本的更改

在编辑 HTML 文档时，可以使用<ins>和<del>标记来描述文档的更新和修正。通常情况下两者会一起使用，<del>表示删除的文本，呈现出删除线，<ins>表示更改的文本，呈现出下画线。其语法格式如下：

```
<del>删除的文本</del>
<ins>插入的更改文本</ins>
```

3.10　文本的上下标

在对 HTML 文本编辑时，会遇到设置文本上下标的情况。当然，上下标的设置在数学相关公式的编辑上比较常用，一般使用<sub>来标记文本下标，<sup>来标记文本上标。其语法格式如下：

```
<sub>文本下标</sub>
<sup>文本上标</sup>
```

3.11　时间和日期

日期标记是 HTML5 的新增标记，网页中会经常出现关于日期的信息，但是一直没有标准的方式去标记，<time>标记就是用来解决这个问题的，这个标记可以使其他搜索引擎较快、较便捷地获取到相关的时间信息。

其语法格式如下：

```
<time datetime =" " pubdate=" ">元素内容</time>
```

其中，datetime 属性用来定义元素的日期和时间，如果没有定义此属性，那么就要在元素内容中给出时间信息。pubdate 属性是一个逻辑值，表示<time>元素中的日期和时间是否就是文档的发布时间。

此标记不会使不同的日期和时间元素有不同的显示形式，仅是方便其他搜索引擎获取相关的日期和时间信息。

3.12　其他相关元素

除了上面提到的相关强调文本标记，还有一些标记可以使文本信息产生一定的效果，如表 3-1 所示。

表 3-1　其他文本标记

标　记	功 能 描 述
<dfn>	定义一个定义项目
<code>	定义计算机代码文本
<samp>	定义样本文本
<kbd>	定义键盘文本
<var>	定义变量
<blockquote>	定义另一个源的块引用
<q>	定义一个短引用
<address>	定义文档作者或者作者的联系信息
<abbr>	定义缩写形式
<mark>	定义带记号的文本
<m>	定义突出显示的文本

任务实现

1. 具体任务

（1）创建一个 HTML 页面，添加特定文章中的相关文本内容；

（2）对简介中的不同内容添加不同的强调标记以达到突出的效果。

2. 实现步骤

（1）在 Dreamweaver CC 2017 中创建一个空白的 HTML5 页面，保存为 test.html，文档中包含<head>、<body>等基本的 HTML 结构，并添加相关文本内容。

```
<!doctype html>
<html>
<head>
<meta charset="utf-8"/>
<title>文本强调</title>
</head>
<body>
<p align="center">在大学 有个明确的目标很重要</p>
<p align="center">期次：第 1 期</p>
<p>大学是一个能锻炼自己、培养自己、证明自己的地方。但并非每个人都能得偿所愿，在大学里，我们会遇到来自五湖四海的老师和同学。大学里也充满了许多诱惑，一不小心就会堕落和迷失自己，在大学里，有个明确的目标很重要！在平时看《时代》杂志时会希望自己也可以有个美丽的未来。</p>
</body>
</html>
```

（2）对正文段落中的文本信息进行不同形式的突出，具体实现如下：

```
<body>
<p align="center"><b>在大学 有个明确的目标很重要</b></p>
<p align="center"><em>期次：第 1 期</em></p>
<small><strong>大学</strong><i>是一个能锻炼自己、培养自己、证明自己的地方。</i>但并非每个人都能得偿所愿，在大学里，我们会遇到来自五湖四海的老师和同学。大学里也充满了许多诱惑，一不小心就会堕落和迷失自己，在大学里，有个明确的目标很重要！在平时看<cite>《时代》</cite>杂志时会希望自己也可以有个美丽的未来。</small>
</body>
```

其中，<b>和<strong>为文本加粗突出，<i>和<em>为文本倾斜突出，<cite>表示作品名称，<small>表示小型文本。

（3）运行代码，最终得到如图 3-3 所示的效果。

任务小结

通过本任务，我们学习了关于文本的突出样式标记的使用，使网页的文本更加具有吸引力，同时能够通过不同的突出方式使用户快速、准确地抓住文本信息的重点，使文本更加具有突出性。

任务3　使用块级元素和行内元素制作专业信息页面

任务描述

在进行 HTML 文档编辑时，使用块级元素和行内元素可以使文本信息更加清晰，文本样式更加友好，具体效果如图 3-4 所示。

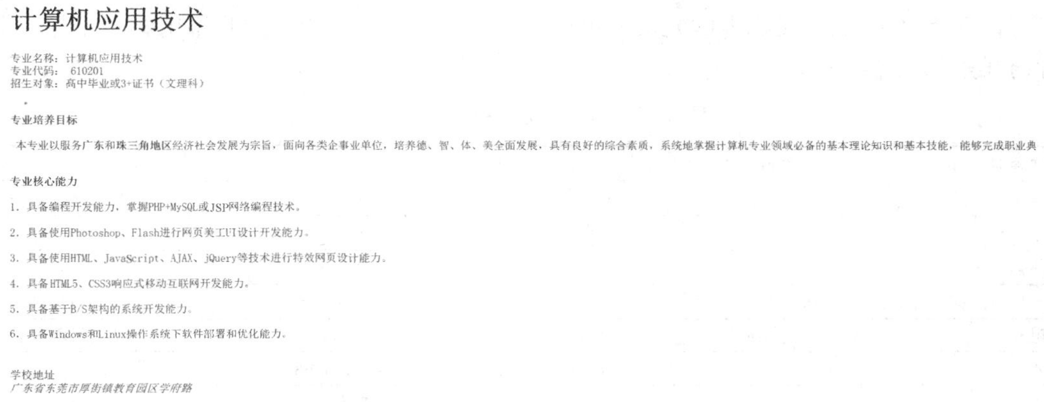

计算机应用技术

专业名称：计算机应用技术
专业代码： 610201
招生对象：高中毕业或3+证书（文理科）

专业培养目标

本专业以服务广东和珠三角地区经济社会发展为宗旨，面向各类企事业单位，培养德、智、体、美全面发展，具有良好的综合素质，系统地掌握计算机专业领域必备的基本理论知识和基本技能，能够完成职业典

专业核心能力

1. 具备编程开发能力，掌握PHP+MySQL或JSP网络编程技术。
2. 具备使用Photoshop、Flash进行网页美工UI设计开发能力。
3. 具备使用HTML、JavaScript、AJAX、jQuery等技术进行特效网页设计能力。
4. 具备HTML5、CSS3响应式移动互联网开发能力。
5. 具备基于B/S架构的系统开发能力。
6. 具备Windows和Linux操作系统下软件部署和优化能力。

学校地址
广东省东莞市厚街镇教育园区学府路

图 3-4　网页文字效果图

知识准备

3.13　块级元素

块级（block）元素在浏览器中的显示就像在其首尾部都有一个换行符一样，常见的块级元素如表 3-2 所示。

表 3-2　块级元素表

文档节 div	段落 p	围绕元素边框 fieldset	表格行 tr	视频 video
文档节 section	无序列表 ul	边框上标题 legend	表格单元格 th	媒介源 source
导航 nav	有序列表 ol	选择列表 select	表格单元 td	文本轨道 track
页眉 header	项目 li	组合选择列表 optgroup	表格列属性 col	声音内容 audio
文章 article	列表 dl	选择列表选项 option	表格格式化列组 colgroup	换行 br
文章侧栏 aside	列表项目 dt	下拉列表 datalist	内联框架 iframe	水平分割线 hr
页脚 footer	项目描述 dd	表格 table	媒介内容分组 figure	格式文本 pre
元素的细节 details	命令菜单 menu	表格标题 caption	figure 标题 figcaption	块引用 blockquote
元素可见标题 summary	菜单项目 menuitem	组合表内容 thead	图像映射 map	文档联系信息 address
对话窗口 dialog	命令按钮 command	组合主题内容 tbody	图像区域 area	居中文本 center
标题 h1~h6	表单 form	组合表注内容 tfoot	图形容器 canvas	水平垂直方向插入空间 spacer

块级元素的特点如下：

（1）总是在新行上开始；

（2）高度、行高及外边距和内边距都可控制；

（3）宽度默认是其容器的全部（除非设定一个宽度）；

（4）可以容纳行内元素和其他块元素。

HTML5 新增的块级元素包括：header、section、footer、aside、nav、article、figure。

3.14 行内元素

行内元素（inline，又称内联元素）可以出现在某一行句子中，并且不用新起一行，常见的行内元素如表 3-3 所示。

表 3-3 常见的行内元素

内联容器器 span	大字体 big	禁止换行 nobr	锚点 a	注音 rt
缩写 abbr	小字体 small	单词换行时机 wbr	图片 img	进度条 progress
强调 em	上标 sup	打字机文本 tt	内嵌 embed	度量 meter
粗体强调 strong	下标 sub	键盘文本 kbd	input 标记 label	定义变量 var
突出显示的文本 mark	删除文本 del	时间日期 time	输入框 input	计算机代码文本 code
加粗 b	删除线 strike	引用 cite	按钮 button	计算机代码样本 samp
斜体 i	删除线 s	短引用 q	生成密钥 keygen	字段 dfn
文本方向 bdi	插入更改的文本 ins	字体设置 font	多行文本输入框 textarea	输出结果 output
文字方向 bdo	下画线 u			

行内元素的特点如下：

（1）和其他元素都在一行上；

（2）高、行高及外边距和内边距不可改变；

（3）宽度就是其文字或图片的宽度，不可改变；

（4）只能容纳文本或者其他行内元素。

3.15 <span>标记

一般使用<span>标记来组合文档中的行内元素，如果不对<span>应用样式，那么 span 元素中的文本与其他文本不会有任何视觉上的差异。尽管如此，span 元素仍然可为 p 元素增加额外的结构。其语法格式如下：

```
<p><span>文本 1</span>文本 2</p>
```

任务实现

1. 具体任务

（1）创建一个 HTML5 页面，添加关于计算机应用专业的信息文本；

（2）利用块级元素和行内元素对这些文本信息进行修饰。

2. 实现步骤

（1）在 Dreamweaver CC 2017 中创建一个空白的 HTML5 页面，保存为 test.html，文档中包含<head>、<body>等基本的 HTML 结构，添加专业信息文本，代码如下：

```
<!doctype html>
<html>
<head>
<meta charset="utf-8"/>
<title>招聘信息</title>
</head>
<body>
<h1>计算机应用技术</h1>
<pre>
专业名称：计算机应用技术
专业代码： 610201
招生对象：高中毕业或 3+证书（文理科）
</pre>
<pre>
专业培养目标
本专业以服务广东和珠三角地区经济社会发展为宗旨，面向各类企事业单位，培养德、智、体、美全面发展，具有良好的综合素质，系统地掌握计算机专业领域必备的基本理论知识和基本技能，能够完成职业典型工作任务，具备团队合作能力、沟通能力和社会责任感，能够直接进入相应工作岗位，熟练运用一到两种程序设计语言，掌握网络技术和计算机系统维护技术，能从事程序设计、数据库应用、计算机系统维护、网页制作与网站设计、技术支持与 IT 产品销售等工作，具有创新精神、实践精神和良好职业道德的高等应用型技术人才。
</pre>
<pre>
专业核心能力
1. 具备编程开发能力，掌握 PHP+MySQL 或 JSP 网络编程技术。
2. 具备使用 Photoshop、Flash 进行网页美工 UI 设计开发能力。
3. 具备使用 HTML、JavaScript、AJAX、jQuery 等技术进行特效网页设计能力。
4. 具备 HTML5、CSS3 响应式移动互联网开发能力。
5. 具备基于 B/S 架构的系统开发能力。
6. 具备 Windows 和 Linux 操作系统下软件部署和优化能力。
</pre>
<small>学校地址</small>
<small>广东省东莞市厚街镇教育园区学府路</small>
</body>
</html>
```

（2）利用块级元素和行内元素对文本信息进行修饰，使其更有助于用户获取信息，具体实现如下：

```
<body>
<h1>计算机应用技术</h1>
<pre>
专业名称：计算机应用技术
专业代码： 610201
招生对象：高中毕业或 3+证书（文理科）
</pre>
```

```
<pre>
<b>专业培养目标</b><br/>
本专业以服务<b>广东</b>和<b>珠三角地区</b>经济社会发展为宗旨，面向各类企事业单位，培养德、智、体、美全面发展，具有良好的综合素质，系统地掌握计算机专业领域必备的基本理论知识和基本技能，能够完成职业典型工作任务，具备团队合作能力、沟通能力和社会责任感，能够直接进入相应工作岗位，熟练运用一到两种程序设计语言，掌握网络技术和计算机系统维护技术，能从事程序设计、数据库应用、计算机系统维护、网页制作与网站设计、技术支持与 IT 产品销售等工作，具有创新精神、实践精神和良好职业道德的高等应用型技术人才。<br/>
</pre>
<pre>
<b>专业核心能力</b><br/>
1. 具备编程开发能力，掌握 PHP+MySQL 或 JSP 网络编程技术。<br/>
2. 具备使用 Photoshop、Flash 进行网页美工 UI 设计开发能力。<br/>
3. 具备使用 HTML、JavaScript、AJAX、jQuery 等技术进行特效网页设计能力。<br/>
4. 具备 HTML5、CSS3 响应式移动互联网开发能力。<br/>
5. 具备基于 B/S 架构的系统开发能力。<br/>
6. 具备 Windows 和 Linux 操作系统下软件部署和优化能力。<br/>
</pre>
<small>学校地址</small>
<small><address>广东省东莞市厚街镇教育园区学府路</address></small>
</body>
```

其中，<b>为文本加粗突出，<address>表示地址，
表示换行，<h1>表示一级标题。

（3）运行代码，最终得到如图 3-4 所示的效果。

任务小结

通过本任务，我们学习了块级元素和行内元素的划分，并了解了其特点，便于以后使用它们对文本和段落进行格式设置。通过后续知识的学习，我们会了解更多的块级元素和行内元素。

任务 4　特殊符号的使用

任务描述

在 HTML 文档编辑中，多数符号是可以正常编辑显示的，但是也有很多符号是预留出来的，并有一些特殊含义。比如在 HTML 中，“>”和“<”是不能直接编辑到网页源文件中的，因为会和标记的尖括号混淆，所以在使用时会用其他处理方式进行编辑显示，如图 3-5 所示，在网页中显示的是反比例函数的单调性。

反比例函数单调性
当k>0时，图像分别位于第一、三像限，每一个象限内，从左往右，y随x的增大而减小；
当k<0时，图像分别位于第二、四像限，每一个象限内，从左往右，y随x的增大而增大。
当k>0时，函数在x<0上为减函数，在x>0上同为减函数；当k<0时，函数在x<0上为增函数，在x>0上同为增函数。

图 3-5　特殊符号效果图

知识准备

3.16　字符实体

如果要正确地插入一些特殊符号，或者在插入多个空格时能够正确显示，那么就一定要插入字符实体（character entities）。字符实体的语法格式一般如下：

```
&实体名
```

或者

```
&#实体号
```

常用的字符实体如表 3-4 所示。

表 3-4　常用的字符实体表

显示结果	描　述	实体名称	实体编号
	空格		
<	小于号	<	<
>	大于号	>	>
&	和号	&	&
"	引号	"	"
'	撇号	' (IE 不支持)	'
¢	分（cent）	¢	¢
£	镑（pound）	£	£
¥	元（yen）	¥	¥
€	欧元（euro）	€	€
§	小节	§	§
©	版权（copyright）	©	©
®	注册商标	®	®
™	商标	™	™
×	乘号	×	×
÷	除号	÷	÷

任务实现

1．具体任务

（1）创建一个 HTML5 页面，添加反比例函数单调区间文本；

（2）对特殊符号进行修饰。

2．实现步骤

（1）在 Dreamweaver CC 2017 中创建一个空白 HTML5 页面，保存为 test.html，文档中包含<head>、<body>等基本的 HTML 结构，添加文本信息，并对其中特殊符号的书写进行修改：

```
<html>
<head>
<meta charset="utf-8">
```

```
<!-- TemplateBeginEditable name="doctitle" -->
<title>特殊符号添加</title>
<!-- TemplateEndEditable -->
<!-- TemplateBeginEditable name="head" -->
<!-- TemplateEndEditable -->
</head>

<body>
<p>
<strong>反比例函数单调性</strong><br/>
当 k&gt;0 时，图像分别位于第一、三象限，每一个象限内，从左往右，y 随
x 的增大而减小；<br/>
当 k&lt;0 时，图像分别位于第二、四象限，每一个象限内，从左往右，y 随
x 的增大而增大。<br/>
当 k&gt;0 时，函数在 x&lt;0 上为减函数，在 x&gt;0 上同为减函数；当 k&lt;0
时，函数在 x&lt;0 上为增函数，在 x&gt;0 上同为增函数。
</p>
</body>
</html>
```

（2）运行代码，最终得到如图 3-5 所示的效果。

任务小结

通过本任务，我们学习了在进行 HTML 文档编辑时，该如何处理特殊符号从而达到正确显示的目的。

任务 5　添 加 注 释

任务描述

为了增强代码的可读性，通常会对代码添加一些说明性的文本，也就是注释。注释不会在网页上显示，仅是为了后期对代码的理解和维护。有时候，在网页中还需要对某些文字进行说明，进而会添加旁注，旁注在浏览器中是会显示的。下面以汉字网页的一部分为例介绍注释和旁注的添加，具体效果如图 3-6 所示。

yì
燚
燚yì

图 3-6　旁注效果图

知识准备

3.17　旁注

HTML5 新增了<ruby>、<rt>和<rp>标记，<ruby>用来标记需要被旁注的文本，如拼音或

解释。<rt>标记定义文本的拼音或解释，还包括可选的<rp>元素，定义当浏览器不支持<ruby>元素时显示的内容。其语法格式如下：

```
<ruby>文本<rt>文本的拼音或解释</rt></ruby>
```

或者

```
<ruby>文本<rt><rp>(</rp>文本的拼音或解释<rp>) </rp></rt></ruby>
```

3.18　注释

为了提升代码的可读性，方便他人理解代码和对代码进行维护，通常对代码添加注释说明。添加注释的语法格式如下：

```
<!--
    注释内容
-->
```

任务实现

1. 具体任务

（1）创建一个 HTML5 页面，给汉字添加拼音旁注；

（2）在网页源代码中添加注释。

2. 实现步骤

（1）在 Dreamweaver CC 2017 中创建一个空白的 HTML5 页面，保存为 test.html，文档中包含<head>、<body>等基本的 HTML 结构，添加汉字以及旁注。

```
<!doctype html>
<html>
<head>
<meta charset="utf-8">
<!-- TemplateBeginEditable name="doctitle" -->
<title>旁注</title>
<!-- TemplateEndEditable -->
<!-- TemplateBeginEditable name="head" -->
<!-- TemplateEndEditable -->
</head>

<body>
<ruby>燚<rt>yì</rt></ruby><br/>
<ruby>燚<rt><rp>(</rp>yì<rp>) </rp></rt></ruby>
</body>
</html>
```

（2）为代码添加注释。

```
<!doctype html>
<html>
```

```
<head>
<meta charset="utf-8">
<!-- TemplateBeginEditable name="doctitle" -->
<title>旁注</title>
<!-- TemplateEndEditable -->
<!-- TemplateBeginEditable name="head" -->
<!-- TemplateEndEditable -->
</head>

<body>
<!– 在汉字上方添加拼音旁注-->
<ruby>燚<rt>yì</rt></ruby><br/>
<!– 在汉字右侧添加拼音旁注-->
<ruby>燚<rt><rp>(</rp>yì<rp>) </rp></rt></ruby>
</body>
</html>
```

（3）运行代码，最终得到如图 3-6 所示的效果。

任务小结

通过本任务，我们学习了如何在网页代码中添加注释，以帮助其他人对代码进行理解和维护，同时学习了通过旁注为一些文本添加解释或者拼音。

思考与练习

一、填空题

1．页面中，标题是通过<h1>～<h6>等标记进行定义的，其中________定义最大的标题，________定义最小的标题。

2．________标记在 HTML 页面中用于创建水平线。

3．在 HTML 代码中插入注释可以提高其可读性，使代码更容易被人理解。“Hello world”的 HTML 注释为________。

4．在不产生一个新段落的情况下进行换行，可使用________标记。

5．段落的开始标记是________，结束标记是________。

二、简答题

1．常用的列表标记有哪些？

2．使用段落的结束标记有什么好处？

三、操作训练题

1．在 HTML 代码中实现有序列表，展示“苹果”“香蕉”“草莓”三行条目，设置有序列表起始位置为 18，展示“菠萝”“葡萄”“柚子”，并在浏览器中测试其效果。

2．在 HTML 代码中编写一个名为 test1.html 的文件。将下面的文字标题设置为二级标题，作者名加粗突出显示，正文按照下图格式进行添加，并在诗词下方添加一条横线，横线下用小型文本添加作者简介，其中的日期和时间用<time>标记。若需要添加空格，则使用 。参考效果如图 3-7 所示。

卜算子・咏梅

毛泽东

风雨送春归，
飞雪迎春到。
已是悬崖百丈冰，
犹有花枝俏。

俏也不争春，
只把春来报。
待到山花烂漫时，
她在丛中笑。

毛泽东（1893年12月26日—1976年9月9日），字润之，笔名子任，湖南湘潭人。

图 3-7　参考效果图

模块四

网页中的图像与多媒体技术

在制作网页时，除了可以在网页中放置文本，还可以向页面中插入精美的图片、悦耳的声音、多彩的视频、生动的动画等多媒体元素，使页面看上去丰富多彩、动感十足，从而吸引更多的用户。在网页中应用多媒体元素，可以增强网页的娱乐性和感染力，也是流行的趋势。本模块将对 HTML5 中的图像和多媒体技术进行详细讲解。

知识目标

- 网页中常用的图像格式
- 网页中常用的多媒体格式
- 图像标记<img>及其属性
- 插入多媒体内容的<object>标记、<embed>标记、<video>标记和<audio>标记及其属性

能力目标

- 具备制作图文混排网页的能力
- 具备制作包含多媒体元素的网页的能力

具体任务

- 任务 1　制作“在线学习网”的平面作品展示页面
- 任务 2　制作“在线学习网”的广告作品展示页面
- 任务 3　制作“在线学习网”的多媒体作品展示页面

任务 1　制作“在线学习网”的平面作品展示页面

任务描述

在网页设计中，除了加入文字，还需要必不可少地加入图像来充实页面，使网页得以美化，更具有吸引力。因此，合理利用图像是网页设计的关键。

本任务通过对图像标记<img>及图像标记属性的使用，制作“在线学习网”平面作品展示页面，网页效果如图 4-1 所示。

图 4-1 “在线学习网”平面作品展示页面效果图

实际效果

知识准备

4.1 网页中的图像

在网络带宽不断提升、人们的审美情趣越来越高的今天，图像已经成为网页中必不可少的重要元素之一。

1. 网页常用图像格式

了解网页图像的格式是在网页中合理使用图像的基础。图像的格式有很多种，但由于受到网络带宽和浏览器的限制，通常在网页中使用的有 JPEG、GIF 和 PNG 三种格式。其中，JPEG 和 GIF 图像格式在网页上使用得最广，能支持大多数浏览器。

（1）JPEG 格式

JPEG 格式是一种高效率的有损压缩图像格式，图像质量较好，文件较小，所以应用非常广泛，适用于要处理大量图像的场合，也是互联网上的主流图像格式。

（2）GIF 格式

GIF 格式应用较广，适用于多种操作系统，各种软件一般均支持这种格式。GIF 格式分为静态 GIF 和动画 GIF 两种，支持透明背景图像，文件很小。GIF 格式常用于网页制作，如应用于网站上的一些小广告。其最大的缺点是最多只能处理 256 种色彩，不能用于存储真彩色的图像文件。

（3）PNG 格式

PNG 格式是便携式网络图形，是一种无损压缩的位图图形格式，它与 GIF 格式相似，压缩比高于 GIF，支持图像透明处理，其缺点是不支持动画应用效果。

2. 网页图像使用原则

目前，虽然宽带已在国内普及，但在制作网页时也要考虑在速度和美观之间取得较好的结合。一般的网站首页大小应该限制在 100KB 以内，其他页面的大小最好控制在 500KB 以内。如果一个网页很大，在浏览器中超过 30 秒还没有打开，大部分用户都会选择放弃浏览。

通常，由于网页的大小主要取决于图像的大小，所以在网页制作中对图像的使用应该坚持“用得小，用得好”的原则。

4.2 使用<img>标记插入图像

HTML 提供了<img>标记来插入图像，其基本语法格式如下：

```
<img src="图像文件路径">
```

其中，src 属性用于指定图像文件的路径，是一个必需属性。在网页中插入图像时，图像文件的路径一定要正确，否则图像无法插入网页中。在插入图像时，应尽量使用相对路径。<img>标记除 src 属性之外，还有一些常用的属性，通过这些属性可以获得插入的图像的不同效果。

1. 使用<img>标记属性设置图像大小

使用<img>标记插入图像，默认情况下将插入原始大小的图像，如果想在插入时修改图像的大小，可以使用 width 和 height 属性来实现。

为图像设置 width 和 height 属性是一个好习惯。如果设置了这些属性，就可以在页面加载时为图像预留空间。如果没有这些属性，浏览器就无法了解图像的尺寸，也就无法为图像预留合适的空间，这样就导致在加载图像时，页面的布局会发生变化。

使用<img>标记属性设置图像大小的基本语法格式如下：

```
<img  src="图像文件路径"  width="图像的宽度"  height="图像的高度">
```

width 和 height 两个属性既可以同时使用，也可单独进行设置。图像的宽度和高度的单位是像素（px）。默认情况下，单独设置图像的高度或者宽度时，图像将进行等比例缩放。而同时设置高度和宽度，且比例发生变化时，图像就会变形。

【例 4-1】 在网页中插入图像，并设置图像大小。

```
<!doctype html>
<html>
<head>
<meta charset="utf-8">
<title>设置图像大小</title>
</head>
<body>
<img src="images/dw2.jpg">
<img src="images/dw2.jpg" width="200" height="196">
<img src="images/dw2.jpg" width="150">
<img src="images/dw2.jpg" width="150" height="80">
</body>
</html>
```

运行代码后，页面效果如图 4-2 所示。

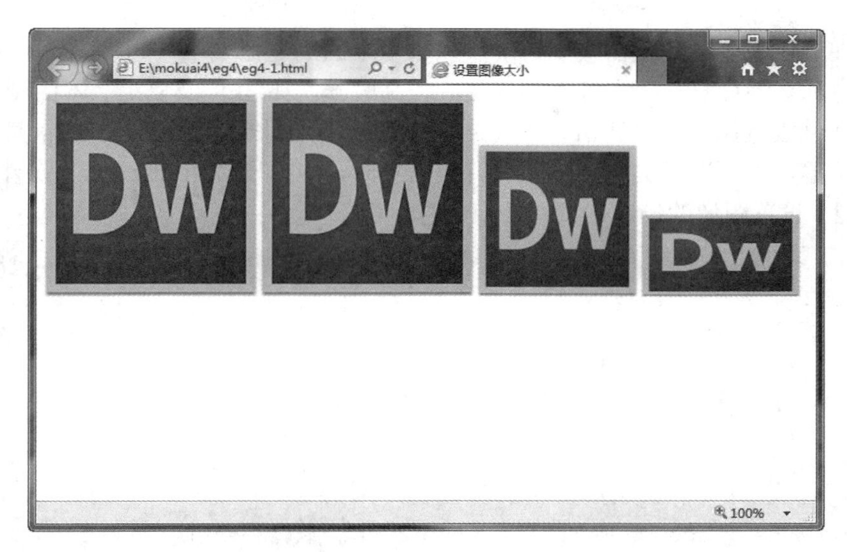

图 4-2　设置图像大小

从图 4-2 中可以看到，在实例中共插入 4 张图像，前两个图像的大小几乎完全一样。可见，第一张图像没有设置高度和宽度，默认以原始图像大小插入。第二张图像设置宽度是 200 像素，高度是 196 像素，也是以原始图像大小插入。第三张图像只设置宽度是 150 像素，等比例缩放。第四张设置宽度是 150 像素，高度是 80 像素，比例发生了变化，图像发生了变形。

注意：在图 4-2 中，各图像之间存在一个空白区域，这是由行内元素换行所产生的一个空格，该空格宽度在不同浏览器中有所不同，比如在 IE 中宽度为 4 像素，而在 Chrome 中则为 8 像素。

虽然可以通过 height 和 width 属性来设置图像大小，但尽量不要使用这两个属性来缩放图像。如果通过 height 和 width 属性来缩放图像，那么用户必须下载大图像（即使图像在页面上看上去很小）。正确的方法是，在网页中使用图像之前，将图像通过图像处理软件调整为所需要的尺寸。

2. 使用<img>标记属性设置图像描述信息和替换信息

为了让用户了解网页上的图像所表示的内容，在用户将鼠标指针移动到图像上时应弹出图像的相关描述信息（即提示信息）。若由于浏览器加载慢或者其他原因导致图像不显示，则应该在图像位置处显示图像的替换信息，这样用户在看不到图像的情况下也大概知道图像所要描述的信息。要达到这些目的，需要对网页上的图像设置描述信息和替换信息。设置图像描述信息使用 title 属性，设置图像的替换信息使用 alt 属性。

其基本语法格式如下：

```
<img  src="图像文件的路径"  title="图像描述信息"  alt="图像替换信息">
```

图像描述信息和替换信息可以包括空格、标点符号以及一些特殊字符。在实际使用时，title 和 alt 属性的值通常会设置成相同的。为了提高页面友好性，alt 属性一般都需要设置，而 title 属性可选。随着互联网技术的发展，网速已经逐渐不是网页设计的制约因素，一般的图像都能成功下载。alt 属性还有另外一个作用：在百度、谷歌等搜索引擎中，搜索图像不如搜索文字方便，如果给图像添加适当的描述信息，可以方便搜索引擎的检索。

注意：在较低版本的浏览器（如 IE7 及以下版本的浏览器）中，alt 属性可以同时设置图像的描述信息和替换信息。但在各大浏览器的较高版本，如 IE8 及以上版本的浏览器中，必须使用 title 属性设置图像的描述信息，且必须使用 alt 属性来设置图像的替换信息。所以为了兼容各种浏览器，设置图像的描述信息和替换信息时，应分别使用 title 和 alt 属性。

【例 4-2】 设置图像的描述信息和替换信息。

```
<!doctype html>
<html>
<head>
<meta charset="utf-8">
<title>设置图像描述信息和替换信息</title>
</head>
<body>
<h1 align="center">Dreamweaver 简介</h1>
<img src="images/dw1.jpg" alt="图像无法下载时的描述信息" title="Dreamweaver 的 logo 标志">
</body>
</html>
```

运行代码后，页面效果如图 4-3 和图 4-4 所示。

图 4-3　图像正常下载时显示的描述信息

图 4-4　图像无法下载时显示的替换信息

3. 使用<img>标记属性设置图像的边框

默认情况下，插入的图像是没有边框的，但有时在设计网页时，为了获得某种效果，需要设置图像的边框。设置图像的边框可以使用 border 属性。

其基本语法格式如下：

```
<img  src="图像文件的路径"  border="边框宽度">
```

其中，边框宽度的单位为像素，最小值是 1。

【例 4-3】 设置图像边框宽度为 8px。

```
<!doctype html>
<html>
<head>
<meta charset="utf-8">
<title>设置图像边框的宽度</title>
</head>
<body>
<h1 align="center">Dreamweaver 简介</h1>
<img src="images/dw1.jpg">
<img src="images/dw1.jpg" border="8">
</body>
</html>
```

运行代码后，页面效果如图 4-5 所示。

图 4-5　设置图像边框的宽度

从图 4-5 中可以看到，实例中的第一张图像使用的是默认的边框设置，没有边框。而第二张图像设置了 border 属性，设置边框宽度为 8px，有边框。

4. 使用<img>标记属性设置图像的对齐方式

默认情况下，插入图像在水平方向放置在对象的左边，在垂直方向则与 baseline（基线）对齐。可以使用 align 属性修改图像的对齐方式。

其基本语法格式如下：

```
<img src="图像文件的路径" align="对齐方式">
```

align 属性的取值如表 4-1 所示。

表 4-1　align 属性的取值

属　性	属 性 值	描　述
align	baseline	默认对齐方式，图像的基线与父元素的基线对齐
	bottom	图像的底部与 line-box（行框）的底端对齐。注：每一行称为一个 line-box
	text-bottom	图像的底部与父元素的文本的底部对齐
	middle	图像放置在父元素的中部。注：只有父元素为 table-cell 且父元素也设置为 middle 时，这个属性值才能体现元素垂直居中效果
	top	图像的顶部与 line-box（行框）的顶端对齐
	text-top	图像的顶部与父元素的文本的顶部对齐
	left	图像在后面对象的左边
	right	图像在后面对象的右边

【例 4-4】 设置图像相对于文字的对齐方式分别为左对齐和右对齐。

```
<!doctype html>
<html>
<head>
<meta charset="utf-8">
<title>设置图像与周围对象的对齐</title>
</head>
<body>
<h1 align="center">Dreamweaver 简介</h1>
<img src="images/dw2.jpg" align="left">
Dreamweaver 是目前最流行、最方便的网页设计和网站开发工具软件。
Adobe Dreamweaver，简称“DW”，中文名称 “梦想编织者”。DW 是集网页制作和网站管理于一身的“所见即所得”式的可视化的网页制作工具。利用对 HTML、CSS、JavaScript 等内容的支持，设计人员和开发人员几乎可以在任何地方快速制作网页和建设网站，受到很多设计师的喜爱。
<img src="images/dw2.jpg" align="right">
Dreamweaver 发展概况大致如下：
Dreamweaver 是美国 Macromedia 公司于 1997 年发布的集网页制作和网站管理于一身的“所见即所得”式的网页编辑器。
2002 年 5 月，Macromedia 发布 Dreamweaver MX，Dreamweaver 一跃成为专业级别的开发工具。
2003 年 9 月，Macromedia 发布 Dreamweaver MX 2004，提供了对 CSS 的支持，促进了网页专业人员对 CSS 的普遍采用。
2005 年 8 月，Macromedia 发布 Dreamweaver 8，加强了对 XML 和 CSS 的技术支持，并简化了工作流程。
2005 年底，Macromedia 公司被 Adobe 公司并购，自此，Dreamweaver 就归 Adobe 公司所有。
2007 年 7 月，Adobe 公司发布 Dreamweaver CS3。
2008 年 9 月，发布 Dreamweaver CS4。
2010 年 4 月，发布 Dreamweaver CS5。
2011 年 4 月，发布 Dreamweaver CS5.5。
```

```
2012 年 4 月，发布 Dreamweaver CS6。
2013 年 6 月，发布 Dreamweaver CreativeCloud (CC)。
2015 年 6 月，发布 Dreamweaver CC 2015。
2016 年 11 月，发布 Dreamweaver CC 2017。
2017 年 10 月，发布 Dreamweaver CC 2018。
</body>
</html>
```

运行代码后，页面效果如图 4-6 所示。

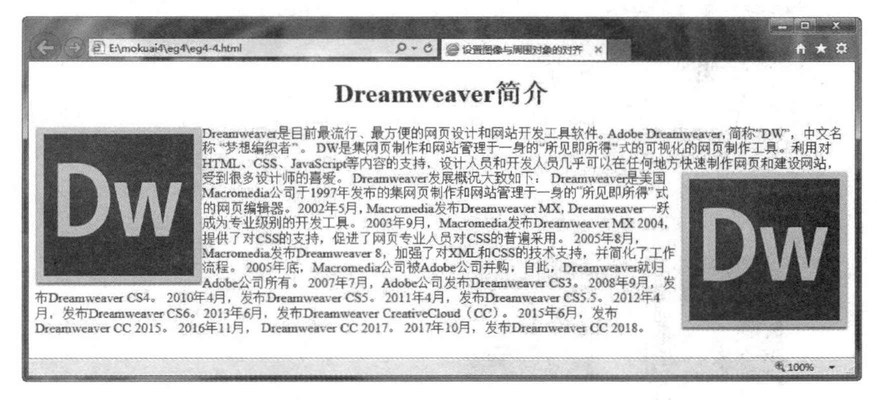

图 4-6　设置图像与周围对象的对齐

从图 4-6 中可以看到，实例中对第一张图像应用了 align 属性设置为左对齐，图像放置在文字的左边，而对第二张图像应用了 align 属性设置为右对齐，所以图像显示在文字的右边。

5. 使用<img>标记属性设置图像与周围对象的间距

默认情况下，图像与周围对象的水平间距和垂直间距都比较紧凑，显得较为拥挤。这样的间距，很多时候都不符合我们的设计需要。使用 hspace 和 vspace 属性可以分别设置图像与周围对象的水平间距和垂直间距。

其基本语法格式如下：

```
<img src="图像文件的路径"  vspace="垂直间距数值"  hspace="水平间距数值">
```

【例 4-5】 设置图像的垂直间距和水平间距分别为 40 像素和 30 像素。

```
<!doctype html>
<html>
<head>
<meta charset="utf-8">
<title>设置图像与周围对象的间距</title>
</head>
<body>
<h3>设置图像水平间距和垂直间距之前：</h3>
<hr>
<img src="images/dw2.jpg">
<img src="images/dw2.jpg">
<h3>设置图像水平间距和垂直间距之后：</h3>
```

```
<hr>
<img src="images/dw2.jpg" vspace="40" hspace="30">
<img src="images/dw2.jpg" vspace="40" hspace="30">
</body>
</html>
```

运行代码后，页面效果如图 4-7 所示。

图 4-7　设置图像的水平和垂直间距

注意：图像标记<img>的属性中，border、align、hspace、vspace 在 HTML5 中已经废弃，但在 XHTML 中仍可使用，以保持与现有网页的兼容。如需对网页中插入的图像进行对齐方式、边框等的设置，可以使用 CSS 样式来实现，从而设置更丰富的图像效果，本书将在后面的模块中详细介绍如何使用 CSS 样式实现这些废弃的属性。

任务实现

1. 具体任务

（1）在“在线学习网”平面作品展示页面中插入文字和 4 张平面作品的图像。

（2）设置文字和图像的属性，让网页更加美观。

2. 实现步骤

（1）在已经建立好的站点根目录文件夹中，创建一个名称为 images 的文件夹。

（2）把需要插入网页中的图像 top.jpg、img_0.png、img_1.png、img_2.png、img_3.png 复制到文件夹 images 中。

（3）在站点的根目录文件夹中，创建一个名为 show_photo.html 的文件。

（4）在该 show_photo.html 中输入以下代码：

```
<!doctype html>
<html>
<head>
```

```
    <meta charset="utf-8">
    <title>在线学习网平面作品展示</title>
    </head>
    <body>
    <table width="960" align="center" border="0" cellspacing="0" cellpadding="0">
      <tr>
        <td bgcolor="#16AAF0">
        <img src="images/top.jpg" width="960" height="100" alt="网页 logo 和导航">
        </td>
      </tr>
      <tr>
        <td height="50" bgcolor="#16AAF0" style="color: #FFF;"> 当前位置
-->作品展示-->平面作品展示  </td>
      </tr>
      <tr>
        <td bgcolor="#CAD8FD">
        <img style="border:#FFF solid 5px" src="images/zp_1.jpg" width="450"
height="298" vspace="10" hspace="10" alt="平面作品 1" title="汽车海报">
        <img style="border:#FFF solid 5px" src="images/zp_2.jpg" width="450"
height="298" vspace="10" hspace="5" alt="平面作品 2" title="国与家海报">
        <img style="border:#FFF solid 5px" src="images/zp_3.jpg" width="450"
height="298" hspace="10" alt="平面作品 3" title="萌萌猪砖海报">
        <img style="border:#FFF solid 5px" src="images/zp_4.jpg" width="450"
height="298" hspace="5" alt="平面作品 4" title="狮子足球队海报"></td>
      </tr>
      <tr>
        <td width="960" height="60" align="center" bgcolor="#666666">
        <span style="font-size:14px; color:#FFF">版权所有：工作室 Copyright&copy;
2018-2019 Studio.All rights reserved</span>
        </td>
     </tr>
    </table>
    </body>
    </html>
```

以上代码在此页面中建立了一个宽度为 960px，4 行 1 列的表格进行布局。有关表格标记<table>、行标记<tr>、单元格标记<td>的说明，请参见模块二中的相关知识。

（5）保存 show_photo.html 文件，运行代码，查看网页效果并进行适当的修改和调试，网页效果如图 4-1 所示。

任务小结

浏览网页时，我们常常会被网页中的图像所吸引，巧妙地在网页中使用图像可以为网页增色不少。在使用图像前，一定要有目的地选择图像，插入的图像如果不美观，可能会显得很呆板。恰当地选择图像，合理地使用和设置图像可以使网页更容易被接受。本任务介绍了常用的网页图像格式，如何在网页中插入图像以及图像属性的设置。

任务 2　制作“在线学习网”的广告作品展示页面

任务描述

在现在的网页设计中，除了可以放置一些静止的图像，动态效果也越来越多地被应用。网页中的多媒体技术使互联网世界变得更加绚丽多彩。HTML 中的<object>标记和<embed>标记，用于在网页中插入 Flash 动画、音频和视频等多媒体内容。

本任务使用<object>标记和<embed>标记制作一个“在线学习网”广告作品展示网页，页面效果如图 4-8 所示。

图 4-8 “在线学习网”广告作品展示页面效果图

实际效果

知识准备

4.3　使用<object>标记在网页中插入 Flash 动画

<object>标记用于插入音频、视频、Java applets、ActiveX、PDF 以及 Flash 等对象，其设计的初衷是取代<img>和<applet>标记。不过由于存在漏洞以及缺乏浏览器的支持，这一点并未实现。

<object>标记可用于 IE 3.0 及以上的浏览器或者其他支持 ActiveX 控件的浏览器。针对不同的浏览器，<object>标记的语法也有所不同，下面分别进行介绍。

（1）针对 IE9/IE8/IE7/IE6 等低版本的浏览器，<object>的基本语法格式如下：

```
<object classid="clsid_value"  codebase="url"  width="value">
    <param name="movie" value="media/star.swf"/>
    <param name="quality" value="high"/>
    <param name="wmode" value="transparent"/>
```

```
        …
    </object>
```

上述语法只对 IE9 及更低版本的 IE 浏览器有效，在 IE10 以上的 IE 浏览器以及非 IE 浏览器中，上述语法无效，对这些浏览器需要在<object>标记中再插入<object>标记。

（2）针对 IE10/IE11 和非 IE 浏览器，<object>的基本语法格式如下：

```
    <object classid="clsid_value"  codebase="url"  width="value">
        <param name="movie" value="media/star.swf"/>
        <param name="quality" value="high"/>
        <param name="wmode" value="transparent"/>
         …
        <!--[if !IE]>-->
        <object type="application/x-shockwave-flash" data="media/star.swf"
width=" value " height=" value ">
        <!--<![endif]-->
        <param name="quality" value="high"/>
        <param name="wmode" value="transparent"/>
          …
        <!--[if !IE]>-->
        </object>
        <!--<![endif]-->
    </object>
```

注意：Firefox 浏览器不支持<object>标记。

<object>和<param>标记的常用属性如表 4-2 所示。

表 4-2　<object>和<param>标记的常用属性

属　性	描　述
classid	设置浏览器的 ActiveX 控件
codebase	设置 ActiveX 控件的位置，如果浏览器没有安装该控件，会自动下载安装
data	在嵌套的<object>标记中指定插入的多媒体文件名
type	在嵌套的<object>标记中设置多媒体类型，动画的类型是 application/x-shockwave-flash
height	以百分比或像素指定插入对象的高度
width	以百分比或像素指定插入对象的宽度
name	设置参数名称
value	设置参数值
movie	指定动画的下载地址
quality	指定插入对象的播放质量
wmode	设置插入对象的窗口模式，可取：window/opaque/transparent，其中，window 为默认值，表示插入对象始终位于 HTML 的顶层，opaque 允许插入对象上层可以有网页遮挡，transparent 设置 Flash 背景透明

4.4　使用<embed>标记在网页中插入多媒体内容

<embed>标记和<object>标记一样，也可以在网页中插入 Flash 动画、音频、视频等多媒体内容。不同于<object>标记的是，<embed>标记用于 Netscape Navigator 2.0 及以上的浏览器

或者其他支持 Netscape 插件的浏览器，包括 IE 和 Chrome 浏览器。但 Firefox 浏览器目前还不支持<embed>标记。

<embed>标记的基本语法格式如下：

```
<embed src="路径"  属性 1=value1 属性 2=value2…></embed>
```

src 属性指定多媒体文件的路径，是一个必需属性。多媒体文件的格式可以是 mp3、mp4、avi、swf 等。

在<embed>标记中，除了必须设置 src 属性，还可以设置其他属性以获得所插入多媒体元素的不同表现效果。<embed>标记的常用属性如表 4-3 所示。

表 4-3　<embed>标记的常用属性

属　性	描　述
src	指定插入对象的文件路径
width	以像素为单位定义插入对象的宽度
height	以像素为单位定义插入对象的高度
loop	设置插入对象的播放是否循环不断，取值为 true 时，循环不断，否则只播放一次，默认值是 false
hidden	设置多媒体播放软件的可见性，默认值是 false，即可见
type	定义插入对象的 MIME 类型

任务实现

1. 具体任务

（1）使用<object>标记在“在线学习网”广告作品展示页面的顶部位置插入 Flash 动画片头。

（2）使用<embed>标记在“在线学习网”广告作品展示页面中插入“vivo 智能手机广告”视频作品。

2. 实现步骤

（1）在已经建立好的站点根目录文件夹中，创建两个名称分别为 images 和 media 的文件夹。

（2）把需要插入网页中的图像 top.jpg 复制到文件夹 images 中。

（3）把需要插入网页中的 Flash 动画 star.swf 和视频 vivo.avi 复制到文件夹 media 中。

（4）在站点的根目录文件夹中，创建一个名为 show_ad.html 的文件。

（5）在 show_ad.html 中输入以下代码：

```
<!doctype html>
<html>
<head>
<meta charset="utf-8">
<title>在线学习网广告作品展示</title>
<style type="text/css">
.bg {background-image:url(images/top.jpg)}
</style>
<!-- 设置表格中第一个单元格背景图片的类样式 bg -->
```

```
    </head>
    <body>
    <table width="960" align="center" border="0" cellspacing="0" cellpadding="0">
      <tr>
        <td height="100"  class="bg" bgcolor="#16AAF0">
        <!-- 调用设置背景图片的类样式 bg -->
        <object  classid="clsid:D27CDB6E-AE6D-11cf-96B8-444553540000" width="960"
height="100" codebase="http://www.adobe.com/go/getflashplayer">
          <param name="movie" value="media/star.swf"/>
          <param name="quality" value="high"/>
          <param name="wmode" value="transparent"/>

          <!-- 下一个对象标记用于非 IE 浏览器，所以使用 IECC 将其从 IE 隐藏。 -->
          <!--[if !IE]>-->
          <object type="application/x-shockwave-flash" data="media/star.swf"
width="960" height="100">
            <!--<![endif]-->
            <param name="quality" value="high"/>
            <param name="wmode" value="transparent"/>
            <!--[if !IE]>-->
          </object>
          <!--<![endif]-->
        </object>
        </td>
      </tr>
      <tr>
        <td height="50" bgcolor="#16AAF0" style="color: #FFF;"> 当前位置
-->作品展示-->动画作品展示-->vivo 智能手机_预见美</td>
      </tr>
      <tr>
        <td align="center">
        <embed src="media/vivo.avi" width="960" height="520">
        </embed>
        </td>
      </tr>
      <tr>
        <td width="960" height="60" align="center" bgcolor="#666666">
        <span style="font-size:14px; color:#FFF">版权所有:工作室Copyright&copy;
2018-2019 Studio.All rights reserved</span>
        </td>
      </tr>
    </table>
    </body>
    </html>
```

以上代码在此页面中建立了一个宽度为 960px，4 行 1 列的表格进行布局。

（6）保存 show_ad.html 文档，运行代码，查看网页效果并进行适当的修改和调试，网页效果如图 4-8 所示。

任务小结

Flash 文件可以丰富页面内容的表现形式，使页面更具有可读性，从而吸引更多的用户浏览网页。<object>标记和<embed>标记可以在网页中插入 Flash 文件等多媒体内容，让被浏览的网站不仅内容丰富，而且画面精美，更具吸引力。

任务 3　制作“在线学习网”的多媒体作品展示页面

任务描述

在任务 2 中介绍的<object>标记和<embed>标记虽然可以在网页中插入多媒体内容，但存在以下三方面的缺点：（1）存在浏览器兼容问题，例如，在 Firefox 浏览器中无法获得支持；（2）需要使用第三方插件 Flash，如果用户没有安装 Flash 插件，则不能播放视频，画面上也会出现一片空白；（3）代码冗长而笨拙。

为此，HTML5 新增了<video>标记和<audio>标记。使用这两个标记时不需要使用其他任何插件。在一些较新版本的支持 HTML5 的浏览器中，如果插入的是非 Flash 动画，则可以使用<video>标记和<audio>标记。

本任务使用<video>标记和<audio>标记制作一个“在线学习网”的多媒体作品展示页面，页面效果如图 4-9 所示。

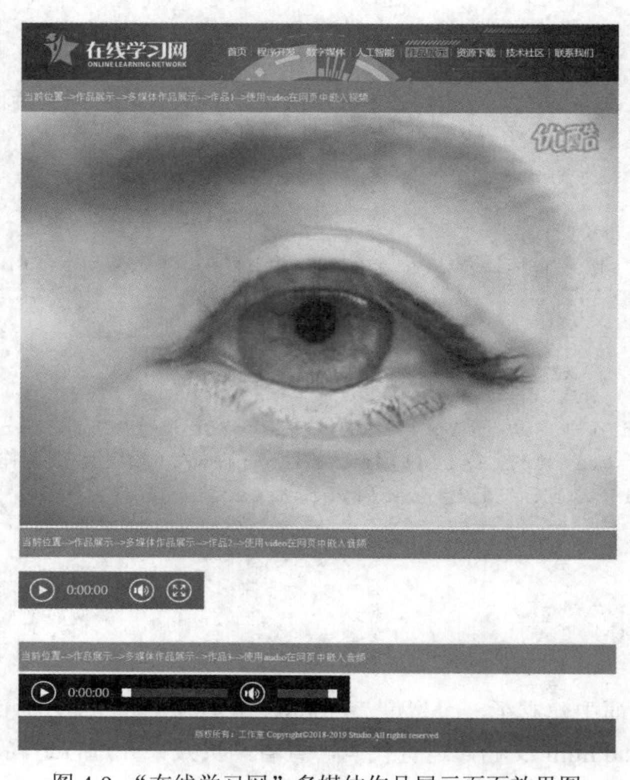

图 4-9　“在线学习网”多媒体作品展示页面效果图

实际效果

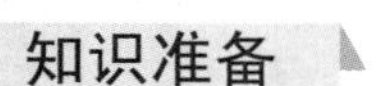

4.5　网页中的多媒体内容

HTML5 提供的视频、音频插入方式简单易用，主要通过<video>标记和<audio>标记在页面中插入视频和音频文件，但需要正确选择视频和音频格式。

1. 网页常用的视频格式

随着网速的大幅提高，越来越多的网页设计者喜欢在网页中加入视频文件。视频不但使网页内容更加精彩及富有动感，同时也越来越受用户的欢迎，如在线影视、视频教程等。在 HTML5 中，常用的视频格式包括 MPEG4、Ogg、WebM 等，如表 4-4 所示。

表 4-4　视频格式

格式名称	格式介绍
MPEG4	带有 H.264 视频编码和 AAC 音频编码的 MPEG4 文件
Ogg	带有 Theora 视频编码和 Vorbis 音频编码的 Ogg 文件
WebM	带有 VP8 视频编码和 Vorbis 音频编码的 WebM 文件

2. 网页常用的音频格式

人类获取信息的方式，除视觉以外就是听觉了。为满足人们听觉的需求，有时需要在网页中插入声音元素，包括插入背景音乐和音频文件等。在 HTML5 中，常用的音频格式包括 MP3、WAV、OggVorbis 等，如表 4-5 所示。

表 4-5　音频格式

格式名称	格式介绍
MP3	一种音频压缩技术，是指 MPEG 标准中的音频部分。它是现在最流行的声音文件格式之一，文件小，音质好，在网络方面应用广泛
WAV	属于无损音乐格式的一种，是 Windows 操作系统下的标准音频格式。它来源于对声音模拟波形的采样，音质非常好，被 Windows 平台及其应用程序广泛支持，但文件较大
OggVorbis	类似 AAC 的另一种免费、开源的音频编码，是用于代替 MP3 的下一代音频压缩技术

4.6　使用<video>标记在网页中插入视频

<video>标记用于在网页中插入视频和音频，其基本语法格式如下：

```
<video src="视频文件或音频文件的路径" controls="controls">替代内容</video>
```

src 属性指定多媒体文件的路径，是一个必需属性。在<video>与</video>之间插入的“替代内容”是提供给不支持<video>标记的浏览器显示的不支持该标记的信息。

在<video>标记中，除必须设置 src 属性外，还可以设置其他属性以获得所插入多媒体元素的不同表现效果。<video>标记的常用属性如表 4-6 所示。

虽然 HTML5 支持 MPEG4、Ogg、WebM 视频格式，但是不同的浏览器对视频的支持情况不同，不同浏览器对不同视频格式的支持程度如表 4-7 所示。

表 4-6　<video>标记的常用属性

属　性	描　述
src	指定插入对象的文件路径
autoplay	插入对象在加载页面后自动播放
controls	出现该属性，则向用户显示控件，如添加浏览器自带的播放用的控制条
preload	设置视频在页面加载时进行加载，并预备播放，如果同时使用了“autoplay”，则该属性无效
muted	设置视频中的音频输出时静音
width	以像素为单位设置插入对象的宽度
height	以像素为单位设置插入对象的高度
loop	设置插入对象的播放是否循环不断，取值为 true 时，循环不断，否则只播放一次，默认值是 false
hidden	设置多媒体播放软件的可视性，默认值是 false，即可见
poster	设置视频下载时显示的图像，或者在用户单击播放按钮前显示的图像
type	定义插入对象的 MIME 类型

表 4-7　不同浏览器对<video>标记插入的视频格式的支持程度

视频格式	IE9	Firefox	Opera	Chrome	Safari
MPEG4	9.0+支持	4.0+支持	10.5+支持	5.0+支持	3.0+支持
Ogg	不支持	3.5+支持	10.5+支持	5.0+支持	不支持
WebM	不支持	4.0+支持	10.6+支持	6.0+支持	不支持

目前，主流浏览器对 MPEG4 格式的视频都是支持的，为了使视频能够在各个浏览器中正常播放，往往需要提供多种格式的视频文件。在 HTML5 中，利用 source 元素可以为 video 元素提供多个备用文件。

使用 source 元素插入视频的基本语法格式如下：

```
<video controls="controls">
<source src="视频或音频文件的路径" type="媒体文件类型/格式">
<source src="视频或音频文件的路径" type="媒体文件类型/格式">
…
</video>
```

可以指定多个 source 元素为浏览器提供备用的视频文件，首选 source 中的第 1 个元素，如果第 1 个视频不支持，则选择第 2 个备选的视频文件，以此类推。source 元素一般设置两个属性。src 属性主要用于指定多媒体文件的路径，type 属性主要用于指定多媒体文件的类型和格式。

【例 4-6】 使用 source 元素在网页中插入视频。

```
<video controls="controls" width="800">
<source src="media/maya.mp4" type="video/mp4"></source>
<source src="media/maya.ogg" type="video/ogg"></source>
<source src="media/maya.webm" type="video/webm"></source>
此浏览器不支持<video>标记。
</video>
```

实际上，只要这三种视频格式能在浏览器中播放，用户在视觉上是感受不到直接区别的。

注意：在视频格式不能满足浏览器要求的情况下，可以通过视频格式转换工具来实现格式转换，如格式工厂等。

4.7　使用<audio>标记在网页中插入音频

<audio>标记用于在网页中插入音频，其基本语法格式如下：

```
<audio src="音频的路径" controls="controls">替代内容</audio>
```

src 属性指定多媒体文件的路径，是一个必需属性。在<audio>与</audio>之间插入的“替代内容”是提供给不支持<audio>标记的浏览器显示的不支持该标记的信息。

在<audio>标记中，除必须设置 src 属性之外，还可以设置其他属性获得所插入多媒体元素的不同表现效果。<audio>标记的属性和<video>标记的属性绝大多数是一样的，表 4-6 中所列的属性，<audio>标记除了没有 poster 属性，其他属性都有，且作用也相同，在此不再赘述。

虽然 HTML5 支持 MP3、WAV、OggVorbis 的音频格式，但是不同的浏览器对音频支持情况不同，各浏览器对不同音频格式的支持程度如表 4-8 所示。

表 4-8　不同浏览器对<audio>标记插入的音频格式的支持程度

音频格式	IE9	Firefox	Opera	Chrome	Safari
MP3	9.0+支持	不支持	不支持	3.0+支持	3.0+支持
WAV	不支持	4.0+支持	10.6+支持	不支持	3.0+支持
OggVorbis	不支持	3.5+支持	10.5+支持	5.0+支持	不支持

目前，主流浏览器都支持 MP3 格式的音频，为了使音频能够在各个浏览器中正常播放，往往需要提供多种格式的音频文件。在 HTML5 中，利用 source 元素可以为 audio 元素提供多个备用文件。

使用 source 元素插入音频的基本语法格式如下：

```
<audio controls="controls">
<source src="音频文件的路径" type="媒体文件类型/格式">
<source src="音频文件的路径" type="媒体文件类型/格式">
…
</audio>
```

可以指定多个 source 元素为浏览器提供备用的音频文件，首选 source 中的第 1 个元素，如果第 1 个音频不支持，则选择第 2 个备选的音频文件，以此类推。source 元素一般设置两个属性：src 属性主要用于指定多媒体文件的路径，type 属性主要用于指定多媒体文件的类型和格式。

【例 4-7】 使用 source 元素在网页中插入音频。

```
<audio controls="controls">
<source src="media/timian.mp3" type="audio/mp3"></source>
<source src="media/timian.ogg" type="audio/ogg"></source>
<source src="media/timian.wav" type="audio/wav"></source>
此浏览器不支持<audio>标记
</audio>
```

任务实现

1. 具体任务

（1）使用<video>标记在“在线学习网”多媒体作品展示页面中插入视频作品。

（2）使用<video>标记在“在线学习网”多媒体作品展示页面中插入音频作品。

（3）使用<audio>标记在“在线学习网”多媒体作品展示页面中插入音频作品。

2. 实现步骤

（1）在已经建立好的站点根目录文件夹中，创建一个名称为 media 的文件夹。

（3）把需要插入网页中的视频 maya.mp4 和音频 ganghaoyujianni.mp3、timian.mp3 复制到文件夹 media 中。

（4）在站点的根目录文件夹中，创建一个名为 show_multimedia.html 的文件。

（5）在 show_multimedia.html 文档中输入以下代码：

```
<!doctype html>
<html>
<head>
<meta charset="utf-8">
<title>在线学习网多媒体作品展示</title>
</head>
<body>
<table width="960" align="center" border="0" cellspacing="0" cellpadding="0">
  <tr>
    <td height="100" bgcolor="#16AAF0"><img src="images/top.jpg" width="960"
height="100"></td>
  </tr>
  <tr>
    <td height="50" bgcolor="#16AAF0"><p style="color: #FFF;"> 当前
位置-->作品展示-->多媒体作品展示-->作品 1-->使用 video 在网页中嵌入视频</p></td>
  </tr>
  <tr>
    <td>
    <video width="960" src="media/maya.mp4" controls autoplay>
    您的浏览器不支持 video 元素。
    </video>
    </td>
  </tr>
  <tr>
    <td height="50" bgcolor="#16AAF0"><p style="color: #FFF;"> 当前
位置-->作品展示-->多媒体作品展示-->作品 2-->使用 video 在网页中嵌入音频</p></td>
  </tr>
  <tr>
    <td>
  <video src="media/timian.mp3" controls loop>
  您的浏览器不支持 video 元素。
```

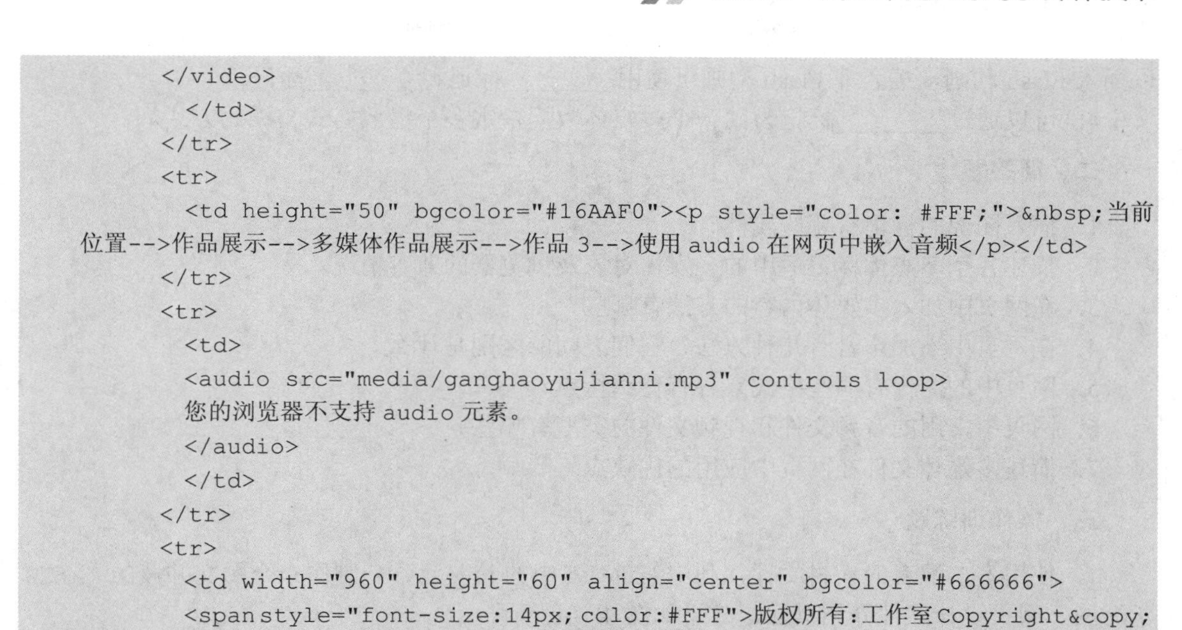

```
        </video>
          </td>
        </tr>
        <tr>
          <td height="50" bgcolor="#16AAF0"><p style="color: #FFF;"> 当前
位置-->作品展示-->多媒体作品展示-->作品 3-->使用 audio 在网页中嵌入音频</p></td>
        </tr>
        <tr>
          <td>
          <audio src="media/ganghaoyujianni.mp3" controls loop>
          您的浏览器不支持 audio 元素。
          </audio>
          </td>
        </tr>
        <tr>
          <td width="960" height="60" align="center" bgcolor="#666666">
          <span style="font-size:14px; color:#FFF">版权所有:工作室 Copyright&copy;
2018-2019 Studio.All rights reserved</span>
          </td>
       </tr>
     </table>
     </body>
     </html>
```

上述代码在此页面中建立了一个宽度为 960px，8 行 1 列的表格进行布局。

（6）保存 show_multimedia.html 文档，运行代码，查看网页效果并进行适当的修改和调试，网页效果如图 4-9 所示。

任务小结

<video>标记用来播放网络上的视频文件，<audio>标记用来播放网络上的音频文件。<video>标记和<audio>标记的引入，让 HTML5 在对多媒体的应用上多了一种选择：不用插件即可播放视频和音频。video 元素添加视频和音频文件的方法，同 audio 元素添加音频文件的方法相似，设计者可根据页面的内容、风格、主题等因素，制作添加音频或视频元素的页面。

思考与练习

一、填空题

1．目前适合在互联网上浏览的图像格式主要有________、________和________。

2．使用________标记可在网页中插入图像。默认情况下，插入的图像没有边框，使用上述标记的________属性可为图像添加边框；使用________属性可为图像添加提示信息；使用________属性可设置图像的对齐方式。

3．在网页中插入多媒体的标记有：________，其中，________标记和________标记都可以插入 Flash 动画，插入非 Flash 动画可使用________标记和________标记。

4．可以通过________标记为同一个多媒体数据指定多个播放格式与编码方式。

二、简答题

1．插入图像的标记有哪些属性？

2．描述各个多媒体标记适用的多媒体对象及浏览器的兼容情况。

3．在网页中加入多媒体内容的方法有哪些？

4．在网页中添加声音有几种方法？它们之间的区别是什么？

5．网页中的图像有哪些格式？各有什么特点？

6．网页中常用的音频文件和视频文件的类型有哪些？

7．简述多媒体文件在网页中应用的优缺点。

三、操作训练题

1．使用本书配套的素材文件，利用 HTML5 中的 img 元素，制作一个图文并茂的“在线学习网”网页设计软件介绍页面，效果如图 4-10 所示。

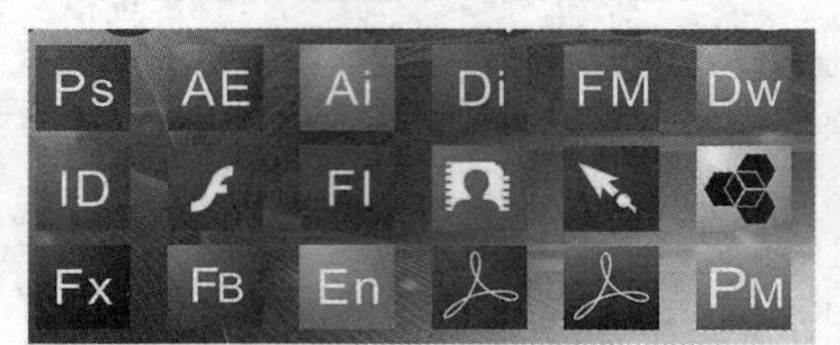

实际效果

图 4-10 “在线学习网”网页设计软件介绍页面

2．使用本书配套的素材文件，利用 HTML5 中的 video 元素，制作“在线学习网”动画作品展示页面，通过添加 JavaScript 代码，使原有的播放控件变为按钮，可以改变和恢复视频窗口，效果如图 4-11 所示。

实际效果

图 4-11 “在线学习网”动画作品展示页面

【操作提示】

（1）利用 HTML5 中的 video 元素插入视频。

（2）在 video 元素前面编写如下代码，从而添加 4 个控制按钮。

```
<button onclick="playPause()">播放/暂停</button>
<button onclick="makeBig()">放大</button>
<button onclick="makeSmall()">缩小</button>
<button onclick="makeNormal()">普通</button>
```

（3）继续在</body>标记上方编写如下代码，以控制各个按钮的功能。

```
<script>
var myVideo=document.getElementById("video1");
//定义播放按钮
function playPause()
{
  if (myVideo.paused)
    myVideo.play();
  else
    myVideo.pause();
}
function makeBig()
{
  //定义单击“放大”按钮时的视频宽度尺寸
  myVideo.width=640;
}
//定义单击“缩小”按钮时的视频宽度尺寸
function makeSmall()
{
  myVideo.width=240;
}
//定义单击“普通”按钮时的视频宽度尺寸
function makeNormal()
{
  myVideo.width=420;
}
</script>
```

模块五

应用表格布局页面

表格标记在网页制作中非常重要，几乎所有的HTML页面都或多或少地采用了表格，表格除用来显示数据之外，还用于页面布局。利用表格显示数据，可以更直观，利用表格进行页面布局，可以使得整个页面的层次更加清晰。对于网页制作初学者来说，熟练掌握表格标记及表格标记各属性的用法是非常有必要的。

知识目标

- 表格的基本结构
- 表格的基本语法
- 表格的基本操作

能力目标

- 掌握在网页中插入表格
- 掌握表格的基本操作
- 掌握利用表格进行页面布局

具体任务

- 任务1　图书借阅详情页面的制作
- 任务2　课程表的制作
- 任务3　学院首页页面的制作

任务1　图书借阅详情页面的制作

任务描述

在生活中，我们常常会看到很多关于信息显示或者信息统计的表格，如学生的成绩单、产品销售表、访客登记表等，表格的优点是信息结构清晰，有条理性。

例如，我们去图书馆借书时，完成图书借阅之后，往往会查阅自己已经借阅的图书，此时就会进入图书借阅详情页面，在图书借阅详情页面中，所有借阅的图书数据以表格的形式显示出来，非常清晰明了。本任务完成图书借阅详情页面的制作，网页效果如图5-1所示。

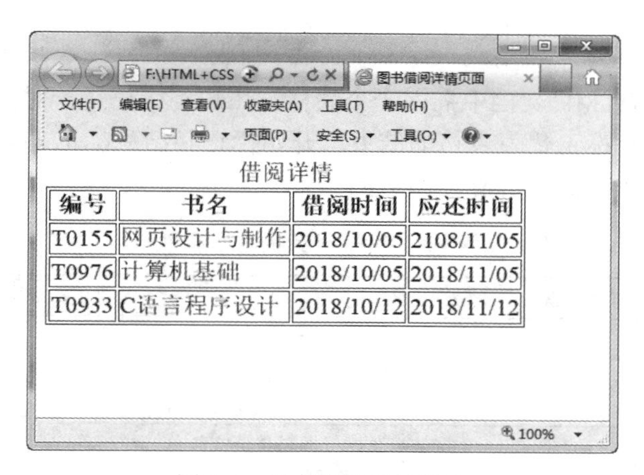
借阅详情

编号	书名	借阅时间	应还时间
T0155	网页设计与制作	2018/10/05	2108/11/05
T0976	计算机基础	2018/10/05	2018/11/05
T0933	C语言程序设计	2018/10/12	2018/11/12

图 5-1　图书借阅详情页面

知识准备

5.1　表格的基本结构

表格是由行和列构成的，类似于 Excel 中的表格，每个表格均有若干行，每行均有若干列，行和列交叉所围起来的区域称为单元格，单元格用于存放数据，可以存放文本、图片、水平线、列表、段落、表单、表格等。表格的基本结构如图 5-2 所示。

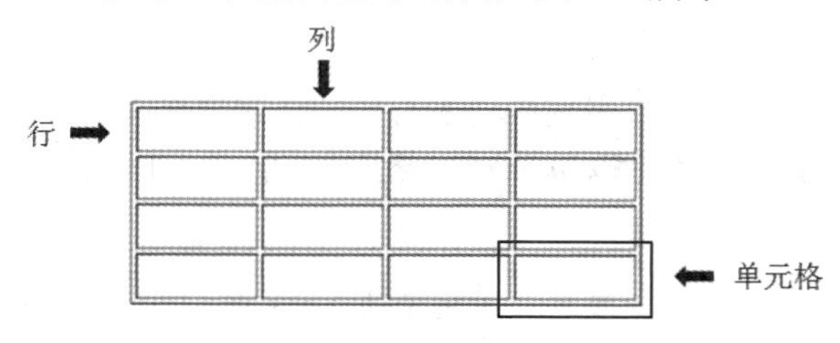

图 5-2　表格的基本结构

5.2　创建表格

在 HTML 页面中，表格一般由 table 元素及一个或者多个 tr、td 元素组成，tr 代表表格的行，td 代表表格的单元格，其基本语法格式如下：

```
<table>
   <tr>
      <td>...</td>
      <td>...</td>
   </tr>
   <tr>
      <td>...</td>
      <td>...</td>
   </tr>
    ...
</table>
```

1．table 元素

table 元素用来在 HTML 文档中插入一个表格，<table>标记是一对双标记，<table>标记代表表格的开始，</table>标记代表表格的结束，开始标记和结束标记之间的所有内容都属于这个表格。table 元素的常用属性如表 5-1 所示。

表 5-1　table 元素的常用属性

属　性	描　述	属性值的范围
align	设置表格的对齐方式	left, center, right
border	设置表格的边框	默认情况下，表格边框为 0px，通过设置 border 属性可改变边框的粗细，单位为像素，如 border="1"
bordercolor	设置表格边框的颜色	属性值可以是英文颜色名称或者十六进制颜色值，如 bordercolor="#FF0000"
bgcolor	设置表格的背景颜色	属性值可以是英文颜色名称或者十六进制颜色值，如 bgcolor="#006699"
width	设置表格的宽度	数值或者百分比，如 width="300"
height	设置表格的高度	数值或者百分比，如 height="800"
cellpadding	设置单元格边框与内容之间的空白	数值，如 cellpadding="10"
cellspacing	设置单元格之间的空白	数值，如 cellspacing="10"
title	设置表格标题	文本描述，如 title="借阅详情表"
background	设置表格的背景图片	图片的地址，可以是绝对路径，也可以是相对路径

2．tr 元素

在表格里定义一行，由 tr 元素来完成。表行以<tr>标记作为开始，以</tr>标记作为结束。在设置表格的整体属性之后，还可以单独对表格中的某一行进行属性设置，tr 元素的常用属性如表 5-2 所示。

表 5-2　tr 元素的常用属性

属　性	描　述	属性值的范围
align	设置行的水平对齐方式	left, center, right
valign	设置行的垂直对齐方式	top, middle, bottom
bordercolor	设置行的边框颜色	属性值可以是英文颜色名称或者十六进制颜色值，如 bordercolor="#FF0000"
bgcolor	设置行的背景颜色	属性值可以是英文颜色名称或者十六进制颜色值，如 bgcolor="#006699"
height	设置行的高度	数值或者百分比，如 height="60"

3．td 元素

表格中的每一行都由若干个单元格组成，单元格由 td 元素来定义，单元格中的数据存放在开始标记<td>和结束标记</td>之间。td 元素的属性和 table 元素的属性非常相似，如表 5-3 所示。

表 5-3　td 元素的常用属性

属　性	描　述	属性值的范围
align	设置单元格的水平对齐方式	left, center, right
valign	设置单元格的垂直对齐方式	top, middle, bottom

续表

属　　性	描　　述	属性值的范围
bgcolor	设置单元格背景颜色	属性值可以是英文颜色名称或者十六进制颜色值，如 bgcolor="#006699"
width	设置单元格的宽度	数值或者百分比，如 width="100"
height	设置单元格的高度	数值或者百分比，如 height="60"
colspan	设置单元格的水平跨度	数值，如 colspan="2"，代表单元格跨两列
rowspan	设置单元格的垂直跨度	数值，如 rowspan="2"，代表单元格跨两行
background	设置单元格的背景图片	图片地址，可以是绝对路径，也可以是相对路径

5.3　表格的其他元素

表格中除 table、tr 和 td 这三个重要的元素之外，还有一些其他元素可以用来描述表格的信息。

1. 表头元素 th

在表格中，如果需要对表中的信息进行归类，就会用到表头单元格，表头单元格由 th 元素来定义，<th>标记也是一对双标记，表头的内容置于开始标记<th>和结束标记</th>之间。常见的表头分为垂直和水平两种，一般用在表格的第一行或者第一列。表头单元格是特殊的单元格，表头中的内容通常会呈现为居中和加粗的样式。<th>标记的基本语法格式如下：

```
<th>表头内容</th>
```

th 元素的属性与 td 元素的属性相似，读者可以参考 td 元素的属性用法，自行学习。

2. 表格标题元素 caption

为了方便表述表格，往往会给表格加上标题，表格标题由 caption 元素来定义。表格的标题一般位于整个表格的第一行，默认居中显示，语法格式如下：

```
<caption>标题内容</caption>
```

3. 表格的结构标记

从表格的结构来看，可以把表格划分为表头、主体和脚注三部分。在 HTML 文档中，规定使用<thead>标记表示表头，<tbody>标记表示主体，<tfoot>标记表示脚注。使用这些标记能对表格的一行或多行单元格的属性进行统一修改，从而省去了逐一修改单元格属性的麻烦。

表格的结构标记的语法格式如下：

```
<table>
    <thead>
      …
    </thead>
    <tfoot>
      …
    </tfoot>
    <tbody>
```

```
        …
    </tbody>
</table>
```

任务实现

1. 具体任务

（1）创建一个 HTML5 页面，用于显示图书借阅详情表；

（2）创建表格，用于存放图书借阅信息。

2. 实现步骤

（1）在 Dreamweaver CC 2017 中创建一个空白 HTML5 页面，保存为 index.html，并把标题设置为“图书借阅详情页面”。

```
<!doctype html>
<html>
<head>
    <meta charset="utf-8"/>
    <title>图书借阅详情页面</title>
</head>
<body>
</body>
</html>
```

（2）在 body 中插入一个 4 行 4 列并且边框宽度为 1px 的表格，表格标题为“借阅详情”，将“编号”“书名”“借阅时间”“应还时间”四项设计为表格表头，具体代码如下。

```
<table border="1">
     <caption>借阅详情</caption>
     <tr>
        <th>编号</th>
        <th>书名</th>
        <th>借阅时间</th>
        <th>应还时间</th>
     </tr>
    <tr>
        <td>T0155</td>
        <td>网页设计与制作</td>
        <td>2018/10/05</td>
        <td>2108/11/05</td>
    </tr>
    <tr>
        <td>T0976</td>
        <td>计算机基础</td>
        <td>2018/10/05</td>
```

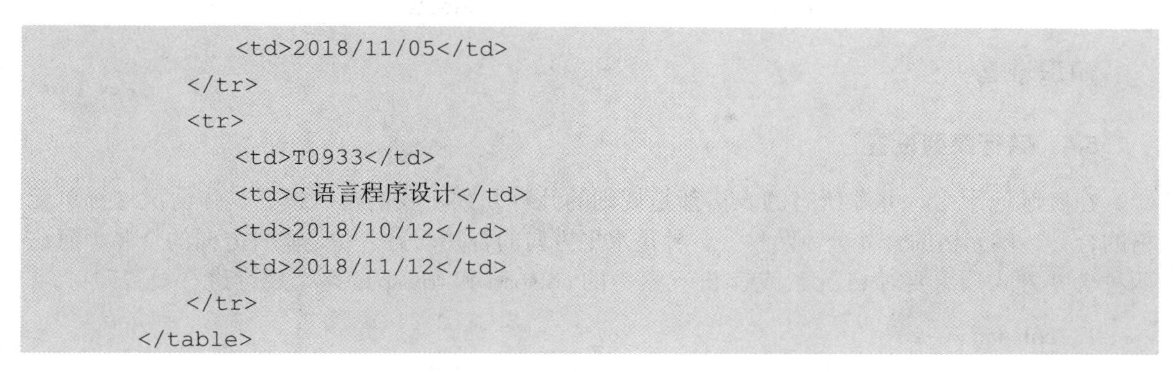

```
            <td>2018/11/05</td>
        </tr>
        <tr>
            <td>T0933</td>
            <td>C 语言程序设计</td>
            <td>2018/10/12</td>
            <td>2018/11/12</td>
        </tr>
    </table>
```

（3）保存文件，在浏览器中浏览网页效果，效果如图 5-1 所示。

任务小结

“图书借阅详情”表格的制作是比较简单的任务，通过此任务，我们学习了如何在 HTML 文档中插入一个表格，掌握了<table>标记、<tr>标记和<td>标记常用的属性及属性值。如果表格需要标题，可以通过<caption>标记来设置，表格表头分为垂直表头和水平表头，通过<th>标记来设置。

任务 2　课程表的制作

任务描述

在实际应用中，我们经常会遇到一些不规范的表格，有时需要对单元格进行合并，有时也需要将表格里的内容区分开来。比如对内容相同的单元格添加背景颜色或者为了强调某些行的内容而添加背景颜色，这些操作可以对整个表格结构进行控制和装饰。本任务实现课程表的制作，网页效果如图 5-3 所示。

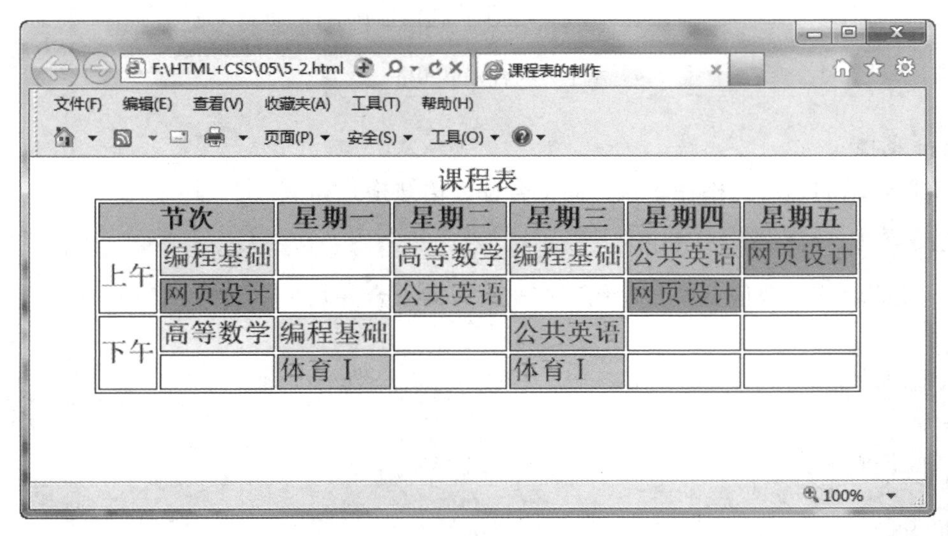

课程表

节次		星期一	星期二	星期三	星期四	星期五
上午	编程基础		高等数学	编程基础	公共英语	网页设计
	网页设计		公共英语		网页设计	
下午	高等数学	编程基础		公共英语		
		体育Ⅰ		体育Ⅰ		

图 5-3　课程表的制作

实际效果

知识准备

5.4 跨行跨列设置

在实际应用中，并非所有的表格都是规则的几行几列，我们可以根据具体情况进行单元格的合并。单元格的合并分为两种，一种是水平方向的合并，另一种是垂直方向的合并，而这两种合并方式只需要对 td 元素或者 th 元素中的 colspan 和 rowspan 两个属性进行设置即可。

1. colspan 属性

colspan 属性表示的是单元格在水平方向上合并，语法格式如下：

```
<td colspan="数值">单元格内容</td>
```

colspan 属性的取值为数值型整数，代表在水平方向上合并几个单元格。

例如：

```
<table border="1">
    <tr>
      <td colspan="3" align="center">课程表</td>
    </tr>
    <tr>
      <td>编程基础</td>
      <td>高等数学</td>
      <td>网页设计</td>
    </tr>
</table>
```

表示在水平方向上合并了 3 个单元格，运行效果如图 5-4 所示。

<table border="1"><tr><td colspan="3" align="center">课程表</td></tr><tr><td>编程基础</td><td>高等数学</td><td>网页设计</td></tr></table>

图 5-4 水平方向合并单元格

2. rowspan 属性

rowspan 属性表示的是单元格在垂直方向上合并，语法格式如下：

```
<td rowspan="数值">单元格内容</td>
```

rowspan 属性的取值为数值型整数，代表在垂直方向上合并几个单元格。

例如：

```
<table border="1">
    <tr>
        <td rowspan="3">课程表</td>
        <td>编程基础</td>
    </tr>
    <tr>
```

```
            <td>高等数学</td>
        </tr>
        <tr>
            <td>网页设计</td>
        </tr>
    </table>
```

表示在垂直方向上合并 3 个单元格，运行效果如图 5-5 所示。

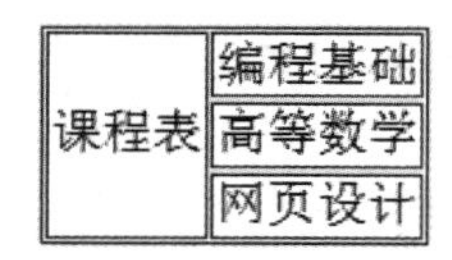

图 5-5　垂直方向合并单元格

5.5　背景颜色设置

表格背景颜色的设置分为三种情况，第一种是对整个表格的背景颜色进行设置，语法格式如下：

```
    <table bgcolor="颜色值">
```

第二种是对某行的背景颜色进行设置，语法格式如下：

```
    <tr bgcolor="颜色值">
```

第三种是对某个单元格的背景颜色进行设置，语法格式如下：

```
    <td bgcolor="颜色值">
```

以上三种背景颜色的设置，它们的属性都是 bgcolor，其中，属性值可以使用英文颜色名称或者十六进制颜色值表示。

任务实现

1. 具体任务

（1）创建一个 HTML5 页面，进行课程表的制作；

（2）分析表格的结构并给出结构代码的设计；

（3）在对应单元格中填入数据；

（4）对表格结构进行调整。

2. 实现步骤

（1）在 Dreamweaver CC 2017 中创建一个空白 HTML5 页面，保存为 index.html，并把标题设置为“课程表的制作”。

```
    <!doctype html>
    <html>
    <head>
        <meta charset="utf-8"/>
```

```
    <title>课程表的制作</title>
  </head>
  <body>
  </body>
  </html>
```

（2）在<body>标记中，编写 5 行 7 列、边框为 1px 的表格，并且以第一行作为表格的表头，表格标题为“课程表”。分析表格结构，对第一行前两个单元格进行合并，对第一列后四个单元格进行两两合并，向单元格中填入相对应的文本，效果如图 5-6 所示。

<table>
<caption>课程表</caption>
<tr><th colspan="2">节次</th><th>星期一</th><th>星期二</th><th>星期三</th><th>星期四</th><th>星期五</th></tr>
<tr><td rowspan="2">上午</td><td>编程基础</td><td></td><td>高等数学</td><td>编程基础</td><td>公共英语</td><td>网页设计</td></tr>
<tr><td>网页设计</td><td></td><td>公共英语</td><td></td><td>网页设计</td><td></td></tr>
<tr><td rowspan="2">下午</td><td>高等数学</td><td>编程基础</td><td></td><td>公共英语</td><td></td><td></td></tr>
<tr><td></td><td>体育 I</td><td></td><td>体育 I</td><td></td><td></td></tr>
</table>

图 5-6　课程表

具体代码如下：

```
  <table border="1">
    <caption>课程表</caption>
    <tr>
      <th colspan="2">节次</th>
      <th>星期一</th>
      <th>星期二</th>
      <th>星期三</th>
      <th>星期四</th>
      <th>星期五</th>
    </tr>
    <tr>
      <td rowspan="2">上午</td>
      <td>编程基础</td>
      <td> </td>
      <td>高等数学</td>
      <td>编程基础</td>
      <td>公共英语</td>
      <td>网页设计</td>
    </tr>
    <tr>
      <td>网页设计</td>
      <td> </td>
      <td>公共英语</td>
      <td> </td>
```

```
        <td>网页设计</td>
        <td></td>
      </tr>
      <tr>
        <td rowspan="2">下午</td>
        <td>高等数学</td>
        <td>编程基础</td>
        <td> </td>
        <td>公共英语</td>
        <td> </td>
        <td> </td>
      </tr>
      <tr>
        <td> </td>
        <td>体育Ⅰ</td>
        <td> </td>
        <td>体育Ⅰ</td>
        <td> </td>
        <td> </td>
      </tr>
    </table>
```

（3）在<table>标记中添加 align 属性，使整个表格的对齐方式为居中。

```
    <table border="1" align="center">
```

（4）对表格进行进一步装饰，设置表格第一行的表头背景颜色为#CCCCCC。选择自己喜欢的颜色，分别对不同的科目进行单元格背景颜色的设置，效果如图 5-3 所示。

制作课程表的完整代码如下：

```
    <table border="1" align="center">
      <caption>课程表</caption>
      <tr bgcolor="#CCCCCC">
        <th colspan="2">节次</th>
        <th>星期一</th>
        <th>星期二</th>
        <th>星期三</th>
        <th>星期四</th>
        <th>星期五</th>
      </tr>
      <tr>
        <td rowspan="2">上午</td>
        <td bgcolor="#CCFFFF">编程基础</td>
        <td> </td>
        <td bgcolor="#FFFF99">高等数学</td>
```

```
      <td bgcolor="#CCFFFF">编程基础</td>
      <td bgcolor="#66FF66">公共英语</td>
      <td bgcolor="#FF99FF">网页设计</td>
    </tr>
    <tr>
      <td bgcolor="#FF99FF">网页设计</td>
      <td> </td>
      <td bgcolor="#66FF66">公共英语</td>
      <td> </td>
      <td bgcolor="#FF99FF">网页设计</td>
      <td> </td>
    </tr>
    <tr>
      <td rowspan="2">下午</td>
      <td bgcolor="#FFFF99">高等数学</td>
      <td bgcolor="#CCFFFF">编程基础</td>
      <td> </td>
      <td bgcolor="#66FF66">公共英语</td>
      <td> </td>
      <td> </td>
    </tr>
    <tr>
      <td> </td>
      <td bgcolor="#99FF00">体育Ⅰ</td>
      <td> </td>
      <td bgcolor="#99FF00">体育Ⅰ</td>
      <td> </td>
      <td> </td>
    </tr>
  </table>
```

任务小结

通过本任务，我们学习了表格跨行跨列的设置，以及对整个表格、某行或者某单元格进行背景颜色的设置。通过这些知识，我们可以更好地控制表格的整体结构，并对表格进行进一步装饰美化。

任务 3　学院首页页面的制作

任务描述

用户浏览一个网站时，首先看到的就是网站的首页，网站首页相当于商店的门面，这个门面是否美观，在一定程度上影响了消费者要不要进入这家商店的决定。同样地，网站首页制作得有没有吸引力，也在一定程度上决定了用户在网站上浏览信息的时间和次数。除利用表格来显示数据之外，我们还可以利用表格进行页面布局。本任务利用表格完成一个简单的学院首页页面，网页效果如图 5-7 所示。

图 5-7　学院首页页面

实际效果

知识准备

5.6　对齐方式的设置

表格对齐方式的设置分为三种情况，第一种是整个表格在页面中的对齐方式；第二种是某行内容的对齐方式；第三种是某单元格内容的对齐方式。

1．设置表格的对齐方式

设置整个表格在页面中的对齐方式，语法格式如下：

```
<table align="对齐方式">
```

其中，对齐方式的取值为 left、center 或 right。

2．设置行的对齐方式

行的对齐方式分为水平方向上的对齐和垂直方向上的对齐，由 align 属性控制水平方向上的对齐，valign 属性控制垂直方向上的对齐。

设置水平方向对齐的语法格式如下：

```
<tr align="对齐方式">
```

其中，对齐方式取值为 left、center 或 right。

设置垂直方向对齐的语法格式如下：

```
<tr valign="对齐方式">
```

其中，对齐方式取值为 top、middle 或 bottom。

5.7 宽度、高度的设置

宽度、高度的设置分别使用的是 width 属性和 height 属性，这两个属性属于公用属性，前面已经介绍过，这里不再赘述。

5.8 背景图片的设置

背景图片的设置分为两种情况，第一种是对整个表格设置背景图片，语法格式如下：

```
<table background="图片的地址">
```

第二种是对某个单元格设置背景图片，语法格式如下：

```
<td background="图片的地址">
```

其中，图片的地址可以是绝对路径，也可以是相对路径，最好采用相对路径的表示形式。

任务实现

1. 具体任务

（1）创建一个 HTML5 页面，进行“创新学院首页”的页面制作；

（2）分析结构草图并给出结构代码的设计；

（3）在对应的单元格中填入数据；

（4）对表格结构进行调整。

2. 实现步骤

（1）在 Dreamweaver CC 2017 中创建一个空白 HTML5 页面，保存为 index.html，并把标题设置为“创新学院首页”。

```
<!doctype html>
<html>
<head>
    <meta charset="utf-8"/>
    <title>创新学院首页</title>
</head>
<body>
</body>
</html>
```

（2）把首页分为上、中和下三部分，上面部分内容放首页标题“创新学院首页”；中间部分分为左右两个部分，左边部分放友情链接、信息公开、教务管理、自助缴费、学籍查询、成绩查询按钮，右边部分放校园图片；下面部分是版权信息。在<body>标记中，编写 9 行 5 列的表格，合并相对应的单元格，向单元格中填入相应的数据。

（3）在<table>标记中添加 align 属性，让整个表格的对齐方式为居中。

```
<table align="center">
```

（4）设置首页标题和版权信息的高度 height 为 60px，背景颜色为#666666；设置首页导航菜单背景颜色为#CCCCCC；设置首页左侧部分的友情链接背景颜色为#999999；右侧内容插入背景图片，效果如图 5-7 所示。

制作学院首页页面的完整代码如下：

```
<table align="center">
  <tr bgcolor="#666666">
    <td colspan="5" align="center" height="60px">创新学院首页</td>
  </tr>
  <tr align="center" bgcolor="#CCCCCC" height="40px">
    <td>首页</td>
    <td>学院概况</td>
    <td>教学部门</td>
    <td>图书信息</td>
    <td>人才招聘</td>
  </tr>
  <tr>
    <td align="center" bgcolor="#999999"><img src="images/02.png">友情链
接 <img src="images/02.png"></td>
    <td colspan="4" rowspan="6" align="center" background="images/01.jpg"
width="810px" height="575px"></td>
  </tr>
  <tr>
    <td align="center" bgcolor="#999999">信息公开</td>
  </tr>
  <tr>
    <td align="center" bgcolor="#999999">教务管理</td>
  </tr>
  <tr>
    <td align="center" bgcolor="#999999">自助缴费</td>
  </tr>
  <tr>
    <td align="center" bgcolor="#999999">学籍查询</td>
  </tr>
  <tr>
    <td align="center" bgcolor="#999999">成绩查询</td>
  </tr>
  <tr bgcolor="#666666">
    <td colspan="5" align="center" height="60px">&copy;创新学院</td>
  </tr>
</table>
```

任务小结

通过“创新学院首页”页面的制作，我们学习了如何利用表格进行页面布局，以及表格的宽度 width、高度 height、背景图片 background、对齐方式 align 等属性的设置。

思考与练习

一、填空题

1．表格的标题标记为___________。

2．表格的表头标记为___________。

3．利用___________属性可以实现单元格的跨行设置，利用___________属性可以实现单元格的跨列设置。

4．表格边框由___________属性控制。

5．bgcolor 属性的作用是___________。

6．通过___________属性可以设置表格的背景图片。

二、简答题

1．在 HTML 文档中，创建一个最基本的表格需要使用哪几个标记？

2．在网页中使用表格有什么好处？

3．单元格的对齐方式有哪几种？

三、操作训练题

1．编写代码，利用表格实现成绩表的制作，效果如图 5-8 所示。

成绩表

学号	姓名	班级	总成绩	排名
01	王汪洋	计算机A班	304	4
02	李思	计算机A班	500	2
03	杨小阳	计算机A班	520	1
04	吴小琴	计算机A班	440	3

图 5-8　成绩表

2．使用跨行跨列的表格制作商品经营类别表，并设置表格在页面上居中对齐，效果如图 5-9 所示。

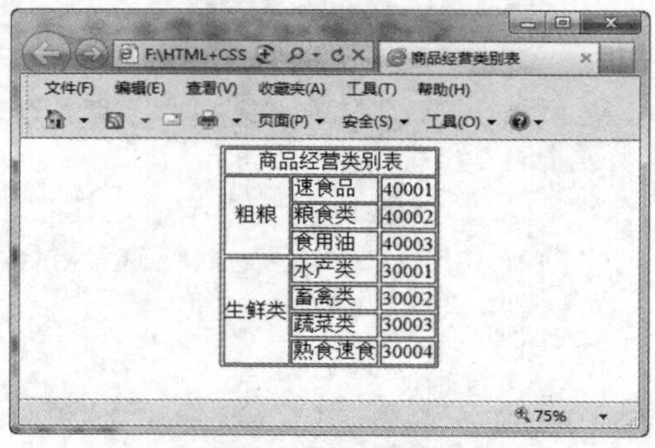

商品经营类别表		
粗粮	速食品	40001
	粮食类	40002
	食用油	40003
生鲜类	水产类	30001
	畜禽类	30002
	蔬菜类	30003
	熟食速食	30004

图 5-9　商品经营类别表

3．使用表格制作一份个人简历。

模块六

创建网页中的超链接

一个网站由多个网页组成，各个网页之间可以通过超链接相互联系，构成一个整体。超链接是网页中最重要、最基本的元素之一，使用超链接不仅可以链接另一个网页，也可以链接其他相关的图片文件、多媒体文件及程序文件等。超链接是一个网站的灵魂，一个网站如果没有超链接或者超链接设置得不正确，将很难甚至根本无法完整地实现网站功能。本模块介绍如何使用各种超链接技术创建页面之间的链接。

知识目标

- 超链接的基本概念
- 绝对路径、相对路径及链接路径的类型
- 设置超链接目标窗口的打开方式
- 在网页中创建内部超链接和外部超链接的方法
- 在网页中创建文字超链接和图像超链接的方法
- 在图片中设置热点区域的方法，创建图像热点超链接的方法
- 创建、命名锚记的方法，创建指向命名锚记的超链接的方法
- 在网页中创建电子邮件超链接和文件下载超链接的方法
- 在网页中创建空链接和脚本超链接的方法

能力目标

- 具备在网页中创建各种类型超链接的能力

具体任务

- 任务　创建“在线学习网”页面的超链接

任务　创建“在线学习网”页面的超链接

任务描述

网页设计好后，需要在各个页面之间建立联系，超链接的作用就是实现这种联系。正确、有效地设置网页中的超链接是网站设计的关键。

本任务通过创建超链接，制作“在线学习网”网站，页面效果如图 6-1 和图 6-2 所示。

首页 | 程序开发 | 数字媒体 | 人工智能 | 作品展示 | 资源下载 | 技术社区 | 联系我们

友情链接：

版权所有：工作室 Copyright©2018-2019 Studio.All rights reserved

图 6-1 “在线学习网”首页

实际效果

数字媒体技术概述

- 数字媒体技术的基本概念
- 数字媒体技术的基本特征
- 数字媒体技术的发展
- 数字媒体技术的应用

数字媒体技术是一门迅速发展的综合性电子信息技术。20世纪80年代，人们曾经把几张幻灯片配上同步的声音称为数字媒体。今天，随着微电子、计算机、通信和数字化音像技术的高速发展，数字媒体被赋予了全新的内容。数字媒体技术的发展改变了计算机的使用领域，使计算机由办公室、实验室中的专用品变成了信息社会的普通工具，广泛应用于工业生产管理、学校教育、公共信息咨询、商业广告、军事指挥与训练，甚至家庭生活与娱乐等领域，正在对人类的生产方式、工作方式乃至生活方式带来巨大的变革。

1 数字媒体技术的基本概念

媒体在计算机中有两种含义：一是指存储信息的物理实体，如光盘、磁盘、磁带等；二是指信息的表现形式或载体，如文字、声音、图形、图像、动画和视频等。数字媒体技术中的媒体通常指后者。

在计算机系统中，数字媒体指组合两种或两种以上媒体的一种人机交互式信息交流和传播媒体，指多种信息载体的表现形式和传递方式。使用的媒体包括文字、图形、图像、声音、动画和视频，以及程序所提供的互动功能。

数字媒体技术是指将文本、音频、图形、图像、动画和视频等多种媒体信息通过计算机进行数字化采集、编码、存储、传输、处理等交互式综合处理，使多种信息建立起逻辑连接，集成为一个系统并具有交互性的技术。

2 数字媒体技术的基本特征

数字媒体技术是一种基于计算机的、多学科的综合技术，主要有以下5个基本特征：

1.多样性：一方面指信息表现媒体类型的多样化，计算机所能处理的信息媒体的种类或范围扩大，广泛采用图像、图形、视频、音频等多种信息形式来传递信息，使信息的表现生动逼真，使计算机更加人性化。另一方面指媒体输入、传播、再现和展示手段的多样性。

2.集成性：数字媒体技术是以计算机为核心的，综合处理多种信息媒体的技术。它包括信息媒体的集成以及处理这些媒体的设备和软件的集成，使它们能综合发挥作用。一方面指将数字媒体信息（如文本、图像、声音等）综合组成一个完整的数字媒体信息系统，另一方面指把输入显示媒体设备（如键盘、鼠标等）和输出显示媒体设备（如显示器、扬声器等）集成一个整体。

3.实时性：在数字媒体作品中声音及活动的视频图像是同步的，数字媒体系统提供了对这些实时媒体的即时处理能力。例如视频会议系统，画面和声音必须严格同步、实时传送。

4.交互性：它改变了以往单向的信息交流方式，能够主动地与计算机进行交互式操作，更加有效地控制和使用信息，是数字媒体技术的关键特点，从这个角度就可以初步判断哪些不是“数字媒体”。如电视不具备计算机一样的交互性，不能对内容进行控制和处理，它就不是“数字媒体”。

5.数字化：是指数字媒体信息的储存和处理形式都以数字形式，易于存储、压缩等处理，运算简单、抗干扰能力强。

3 数字媒体技术的发展

1987年8月，第一块声卡问世，它标志着数字媒体技术开始进入实际应用阶段。1988年，MPEG（Moving Pictures Experts Group，运动图像专家组）建立，开始重视对运动图像的数据压缩方法及其国际标准的研究，这对数字媒体技术的发展具有很大的推动作用。进入20世纪90年代，随着硬件技术的发展，数字媒体时代到来。之后，数字媒体技术沿着以下两条主线发展：一条是视频技术的发展，一条是音频技术的发展。视频技术的发展经历了三个高潮，它们分别是AVI、MPEG以及Stream三种视频存储格式及标准的出现。音频技术的发展大致经历了两个阶段：一个是以单机为主的WAV和MIDI音乐；一个就是随后出现的各种网络音乐压缩技术的发展。数字媒体技术促进了网络、通信、娱乐和计算机技术的融合，正向网络化、高速度化、简单化、标准化、三维化、数字媒体终端的智能化和嵌入化的方向发展。如数字机顶盒技术，延伸出“信息家电平台”概念，使“数字媒体终端集家庭”购物、家庭医疗、交互教学、视频点播等全方位应用为一身，代表了嵌入化数字媒体终端的发展。

4 数字媒体的应用

随着数字媒体技术的蓬勃发展，使得计算机不再是一个冷冰冰的机器设备，而更具人性化，并极大地缩短人与计算机之间的距离，同时计算机应用的领域越来越广泛，已经覆盖了各行各业，其典型应用包括以下几个方面。（1）数字媒体教育：教育领域是数字媒体技术最早、发展最快、收益面最广的领域。数字媒体技术使教育的表现形式更加丰富多彩、信息量大、生动形象，有趣味性，还可实现交互，如数字媒体课件、数字媒体教室、远程教学等。（2）商业应用：利用数字媒体技术制作企业广告、宣传展示，数字媒体售货亭，还可以进行网络商品直销等，方便了客户，促进了销售，提升了企业形象，扩展了商机，在销售和形象两方面都获益。利用多功能信息咨询和服务系统(POI)，人类可以“足不出户”，从数字媒体数据库中查询需要的信息，如可以获取天气报、旅游指南、商业购物、政治要闻等。（3）电子出版物：以数字代码方式将图、文、声、像等信息存储在磁、光、电介质上，通过计算机或类似设备阅读使用，并可复制发行的大众传播媒体。分为网络型和单机型电子出版物。电子出版物比传统出版物具有更多优点：查找方便迅速，体积小，携带方便，寿命长，不怕虫蛀。例如通过数字媒体终端进行阅读。目前，图书馆的数字媒体阅览室已相当普及。（4）通信应用：随着“信息高速公路”开通，包括声、文、图等在内的数字媒体邮件已被普遍使用，在此基础上发展起来的数字媒体视频会议系统、可视电话系统、远程医疗系统、数字媒体手机功能越来越强。（5）娱乐应用：数字媒体技术给娱乐带来了革命性的变革，在线数字化的音乐和影像开始进入了家庭。如网络游戏、交互式电视与视频点播等。

【关闭窗口】

版权所有：工作室 Copyright©2018-2019 Studio.All rights reserved

图 6-2 “在线学习网”数字媒体技术概述课程子页面

实际效果

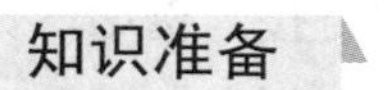

知识准备

在浏览网页、获取信息时，超链接发挥着重要的作用，要想正确、有效地实现网页中的超链接，需要了解网页超链接的路径，同时还要合理、恰当地设置不同类型的超链接。

6.1　创建超链接

超文本链接（Hyper Text Link）简称超链接（Hyper Link）或者链接（Link）。超链接就是从一个网页转到另一个网页的途径，是 HTML 中最强大和最有价值的功能之一。

1. 超链接 a 元素的语法格式

创建超链接使用的标记是<a>。超链接想要正确地进行链接跳转，需要同时存在两个端点，源端点和目标端点。源端点是指网页中提供链接单击的对象，如链接文本或链接图像；目标端点是指链接跳转过去的页面或位置，如某个网页、锚记等。超链接的目标端点使用<a>标记的 href 属性来指定，源端点则通过<a>标记的内容来指定。<a>标记中，除需要使用 href 属性之外，还经常需要用到其他一些相关的属性，其常用属性如表 6-1 所示。

表 6-1　<a>标记的常用属性

属　性	描　述
href	超链接文件路径，是一个必需属性，指定链接路径，用于设置超链接的目标端点
id（name）	锚记名，在 HTML5 之前使用 name 属性定义锚记名称，在 HTML5 中使用 id 属性定义锚记名称
target	目标窗口名称，在指定的目标窗口中打开链接文档
title	提示文字，设置链接提示文字

使用<a>标记创建超链接的基本语法格式如下：

```
<a href="目标端点">源端点</a>
```

源端点可以是文本，也可以是图片。目标端点指定了超链接页面的 URL，用户单击源端点后，页面将跳转到目标端点所指页面。

【例 6-1】 创建单击文字“广东创新科技职业学院”跳转到网站:“http://www.gdcxxy.net/”的超链接。

```
<a href="http://www.gdcxxy.net/">广东创新科技职业学院</a>
```

2. 设置超链接的路径

在网站中，每个网页都有一个唯一的地址与之对应，这个地址称为统一资源定位符，即 URL（Uniform Resource Locator），它的功能就是提供在互联网上查找资源的标准方法。

链接路径就是在超链接中用于标识目标端点的位置标识。常见的链接路径主要有绝对路径和相对路径两种类型。

（1）绝对路径

绝对路径是指主页上的文件或目录在硬盘上的真正路径。例如，在本任务中，广东创新科技职业学院的 Logo 图片地址使用绝对路径：E:\mokuai6\HaoYangLearning\img\chuangxinlogo.jpg。

尽管本地路径（即到同一站点文档的链接）可以使用绝对路径链接，但最好不要采用这种方式，因为如果链接指向的文件被移动了，就需要重新设置所有的相关链接。例如，如果将 D 盘中的网站文件复制到了 E 盘，那么所有的链接都需要重新设置。

绝对路径提供链接文档完整的URL，包括所使用的协议。例如，对于网页来说，通常使用 http://，其中 http 就是超文本传输协议（HyperText Transfer Protocol）。例如，图 6-3 中显示的浏览器地址栏中的网址“https:// www.icourse163.org/”就是一个绝对路径。

图 6-3　绝对路径

（2）相对路径

相对路径最适用于网站的内部链接。只要是属于同一网站之下的，即使不在同一个目录下，相对链接也非常适用。文件相对地址是书写内部链接的理想形式，只要是处于站点文件夹内，相对地址可以自由地在文件之间构建链接。这种地址形式利用的是构建链接的两个文件之间的相对关系，不受站点文件夹所处服务器位置的影响。因此，这种书写形式省略了绝对地址中的相同部分，只提供不同的路径部分。这样做的优点是：站点文件夹所在的服务器地址发生改变时，文件夹的所有内部链接不会出现问题。

总体来说，相对路径包含以下三种情况：

- 两文件在同一目录下。
- 链接文件在当前文件的下一级目录。
- 链接文件在当前文件的上一级目录。

对上述相对路径的链接路径的设置分别如下：

- 同一目录，只需输入链接文件的名称。
- 下一级目录，需在链接文件名前添加“下一级目录名/”。
- 上一级目录，需在链接文件名前添加“../”。

下面以图 6-4 所示的“在线学习网”部分文件结构图为例，介绍上述三种情况的相对路径的链接路径的设置。

① 同一目录

从 course_C++.html 链接到 course_JavaWeb.html 的链接设置：

```
<a href="course_JavaWeb.html"></a>
```

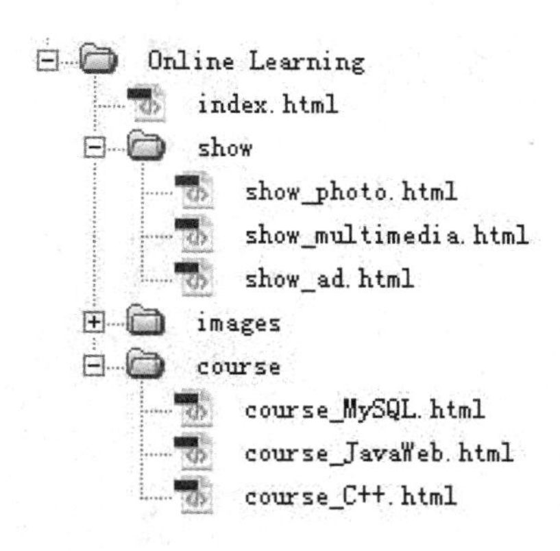

图 6-4　“在线学习网”部分文件结构图

② 下一级目录

从 index.html 链接到 course_JavaWeb.html 的链接设置：

```
<a href="course/course_JavaWeb.html"></a>
```

③ 上一级目录

从 course_JavaWeb.html 链接到 index.html 的链接设置：

```
<a href="../index.html"></a>
```

3. 设置超链接的目标窗口

超链接所指向的目标页面默认情况下会在当前窗口中打开。为了某种目的，希望超链接所指向的目标页面在一个新的窗口中打开时，在我们创建超链接时就必须修改它的目标窗口。

可通过 target 属性修改目标窗口，语法格式如下：

```
<a href="目标端点" target="目标窗口名称">源端点</a>
```

target 属性可取多个不同的值，常用值如表 6-2 所示。

表 6-2　target 属性的常用值

属　性　值	描　　述
_blank	新建一个窗口打开链接文档
_self	在同一个框架或同一窗口中打开链接文档，和默认属性值一样
_parent	在上一级窗口中打开链接文档，在框架页面中经常使用
_top	在浏览器的整个窗口中打开链接文档，忽略任何框架
框架名称	在指定的浮动框架窗口中打开链接文档

例如，新建一个窗口和将当前窗口作为目标窗口的代码片段如下：

```
<p><a href="https://www.icourse163.org/" target="_self">_self 目标窗口</a></p>
<p><a href="https://www.icourse163.org/" target="_blank">_blank 目标窗口</a></p>
<p><a href="https://www.icourse163.org/">默认目标窗口</a></p>
```

运行代码后的结果如图 6-5～图 6-8 所示。从图 6-6 和图 6-8 中可以看出，_self 目标窗口和默认目标窗口是一样的。

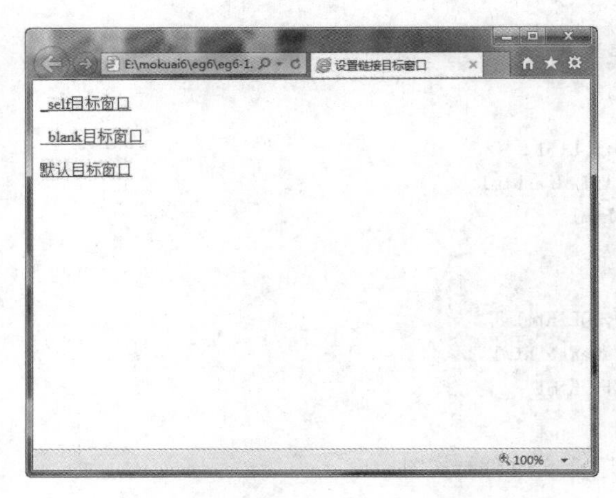

图 6-5　页面运行后的最初效果

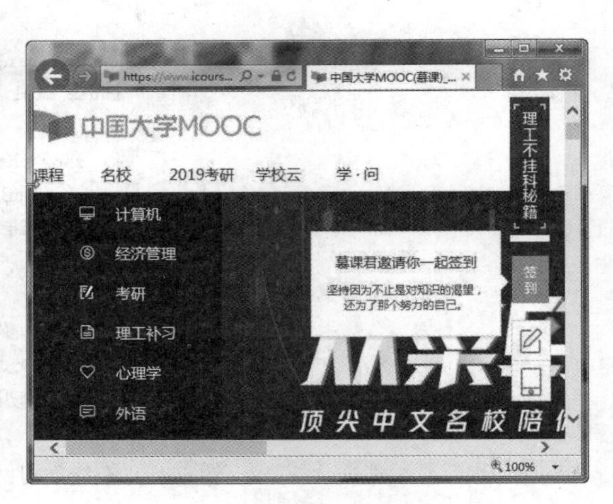

图 6-6　“_self 目标窗口”链接结果

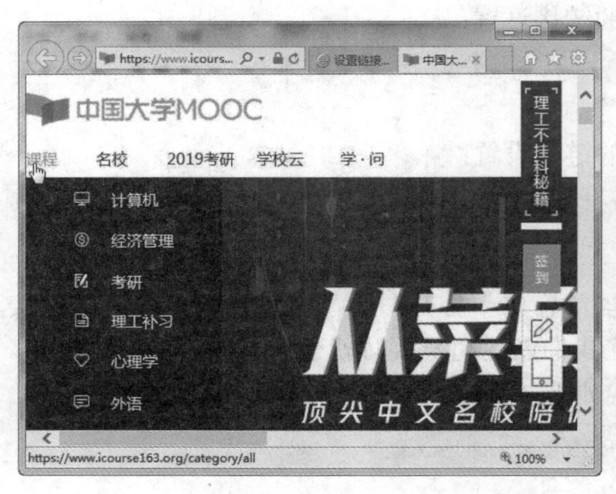

图 6-7　“_blank 目标窗口”链接结果

图 6-8　“默认目标窗口”链接结果

注意：在“_self 目标窗口”和“默认目标窗口”中打开路径页面时，浏览器窗口中的“后退”键可用，可以通过单击“后退”键回到超链接页面。而在“_blank 目标窗口”中打开链接页面时，浏览器窗口中的“后退”键不可用。

6.2　超链接的类型

按照不同的标准，超链接可以有不同的分类。

根据超链接目标端点的位置不同，可分为：

（1）内部超链接：在同一站点内部，不同页面之间的超链接。

（2）外部超链接：站点外部的超链接，是网页与其他网站中某个目标网页之间的超链接。

（3）锚记超链接：同一网页内部的超链接。通常情况下，锚记超链接用于链接到网页内部某个特定的位置。

（4）电子邮件超链接：链接到电子邮件的超链接，单击该超链接可以发送电子邮件。

（5）可执行文件超链接：又称文件下载超链接，单击该超链接可以运行可执行文件，可以用于下载文件或在线运行可执行文件。

根据超链接源端点的内容不同，可分为：

（1）文本超链接：文本作为超链接源端点。

（2）图像超链接：图像作为超链接源端点。

（3）图像热点超链接：图像热区作为超链接源端点。

根据链接目标端点的内容不同，可分为：

（1）网页超链接：链接到 HTML、ASP、PHP 等网页文档的链接，是网站中最常见的链接。

（2）可执行文件超链接：前文已经提到，这里不再赘述。

（3）电子邮件超链接：前文已经提到，这里不再赘述。

（4）空链接：链接目标形式上为“#”，主要用于在对象上附加行为等。

（5）脚本超链接：链接目标为 JavaScript 脚本代码，用于执行某操作。

（6）锚记超链接：前文已经提到，这里不再赘述。

1. 内部超链接

内部超链接的基本语法格式如下：

```
<a href="链接文件的路径">源端点</a>
```

“链接文件的路径”即目标端点，一般使用相对路径。“源端点”既可以是链接文本，也可以是链接图片。

例如，在图 6-4 所示的“在线学习网”中，从 course_C++.html 链接到 course_JavaWeb.html 的代码片段如下：

```
<a href="course_JavaWeb.html"> JavaWeb 课程</a>
```

2. 外部超链接

外部超链接的基本语法格式如下：

```
<a href="URL">源端点</a>
```

“URL”为要链接文件的路径，即目标端点，一般情况下，该路径需要使用绝对路径。“源端点”既可以是链接文本，也可以是链接图片。

例如，设置单击“中国大学慕课网”文本后，页面跳转到“中国大学慕课网”的代码片段如下：

```
<a href="https://www.icourse163.org/">中国大学慕课网</a>
```

3. 锚记超链接

锚记超链接又称书签链接。在浏览网页的时候，如果页面内容过长，需要不断地拖动滚动条才能看到所有内容，这时可以在该网页上建立锚记目录，单击目录上的某一项就能自动跳转到该目录项对应的网页位置。

创建锚记超链接分为两个步骤：先在跳转的目标端点位置创建锚记，然后为源端点建立锚记超链接。

第一步：创建锚记。

基本语法格式如下：

```
HTML5：<a id="锚记名称">源端点</a>
HTML5 以前版本：<a name="锚记名称">源端点</a>
```

其中，“锚记名称”就是第二步跳转所创建的锚记，“源端点”则是设置链接后跳转的位置，可以是文本或图片。

第二步：建立锚记超链接。

基本语法格式如下：

链接到同一个页面中的锚记，称为内部锚记超链接。

```
<a href="#锚记名称">源端点</a>
```

链接到其他页面中的锚记，称为外部锚记超链接。

```
<a href="锚记所在页面的文件路径#锚记名称">源端点</a>
```

其中，“锚记名称”就是第一步中定义的“锚记名称”，也就是 id 的赋值；而“#”则代表这个锚记的链接地址。

例如，在本任务中，设置单击“在线学习网”中的“数字媒体技术概述”课程子页面顶部列表项目“数字媒体技术的基本概念”，跳转到正文的“1 数字媒体技术的基本概念”内容部分。主要代码片段如下：

```
<p><a id="a1">1 数字媒体技术的基本概念</a></p>          <! --创建锚记-->
<li><a href="#a1">数字媒体技术的基本概念</a></li>     <-! --建立锚记超链接-->
```

4. 电子邮件超链接

在页面上创建电子邮件超链接，可以让用户快速地与网站负责人联系。当用鼠标单击链接对象时，用户的计算机系统中默认的电子邮件客户端软件将自动打开。

基本语法格式如下：

```
<a href="mailto:电子邮件">源端点</a>
```

例如，链接到邮箱 843118486@qq.com 的代码片段如下：

```
<a href="mailto: 843118486@qq.com">联系我们</a>
```

5. 可执行文件超链接

当用户单击可执行文件超链接后，浏览器会自动判断文件类型，做出不同情况的处理，如直接打开或弹出下载对话框，可用于下载的文件类型有.doc、.rar、.mp3、.zip、.exe 等。

基本语法格式如下：

```
<a href="链接文件的路径">下载文件链接</a>
```

例如，在本任务中，设置单击“在线学习网”首页导航栏目“资源下载”，下载文件“download.rar”，代码片段如下：

```
<a href="download.rar">资源下载</a>
```

6. 脚本超链接

通过脚本超链接可以实现 HTML 语言完成不了的功能。

基本语法格式如下：

```
<a href="JavaScript:…">源端点</a>
```

在“JavaScript:”后面编写的就是具体的脚本代码。

例如，在本任务中，设置单击“在线学习网”中的“数字媒体技术概述”课程子页面下面的【关闭窗口】，弹出关闭“在线学习网”中的“数字媒体技术概述”课程子页面文件 course_multimedia.html 的对话框，主要代码片段如下：

```
<a href="javascript:window.close()">【关闭窗口】</a>
```

7. 文本超链接

文本超链接的基本语法格式如下：

```
<a href="目标端点">链接文本</a>
```

前文各个例子中使用的超链接全部是文本超链接，在此不再赘述。

8. 图像超链接

图像超链接的基本语法格式如下：

```
<a href="目标端点"><img src="图像文件路径"></a>
```

其中，“目标端点”为要跳转到的图像文件的路径。

例如，在本任务中，设置单击广东创新科技职业学院的 Logo 图片，跳转到“广东创新科技职业学院”网站首页，主要代码片段如下：

```
<a href="http://www.gdcxxy.net"><img src="img/chuangxinlogo.jpg"></a>
```

9. 图像热点超链接

一幅图像可以被切分成不同的区域，每个区域可以链接到不同的地址，这些区域称为图像的热区。

图像热点超链接的基本语法格式如下：

```
<img src="图片文件路径" usemap="#Map_name">
  <map name="#Map_name">
    <area shape="rect" coords="x1,y1,x2,y2" href="链接地址 1">
    <area shape="circle" coords="x,y,r" href="链接地址 2">
    <area shape="poly" coords=" x1,y1,x2,y2, x3,y3,…" href="链接地址 3">
    …
  </map>
```

语法说明：

（1）<img>标记中的 usemap 属性用于激活热点。

（2）<map>标记用于定义图像热点超链接中包含热点的链接。

（3）<area>标记用于在图像热点超链接中定义一个热区，包含三个必须设置的属性：href、shape 和 coords。其中：

- href 属性用于设置每个热区的链接路径。

- shape 属性用于设置热区形状（矩形、圆形和多边形）。
- coords 属性用于设置热区坐标，热区形状决定了 coords 的取值，shape 属性和 coords 属性的取值关系如表 6-3 所示。

表 6-3　图像热区形状与坐标设置

shape	coords	描　述
矩形（rect）	x1,y1,x2,y2	（x1,y1）为矩形左上顶点坐标，（x2,y2）为矩形右下顶点坐标
圆形（circle）	x,y,r	（x,y）为圆心坐标，r 为半径长度
多边形（poly）	x1,y1,x2,y2,…	（x1,y1）、（x2,y2）……分别为多边形的各个顶点坐标，各顶点按照单击顺序生成先后排序

例如，在本任务中，设置“在线学习网”首页上的图片热区，主要代码片段如下：

```
<img src="img/main.jpg" width="960" height="626" usemap="#Map" border="0">
  <map name="Map" id="Map">
    <area shape="rect" coords="459,34,529,71" href="course_multimedia.html">
    <area shape="rect" coords="703,35,770,72" href="download.rar">
    <area shape="rect" coords="861,37,933,68" href="mailto:843118486@qq.com">
  </map>
```

任务实现

1. 具体任务

（1）通过文本超链接实现页面链接。

（2）通过图像热点超链接实现首页到子页面的链接。

（3）通过锚记超链接实现子页面各部分内容的链接。

（4）通过电子邮件超链接实现“联系我们”，链接到邮箱 843118486@qq.com。

（5）通过脚本超链接关闭“在线学习网”中的“数字媒体技术概述”课程子页面文件 course_multimedia.html。

（6）通过外部超链接和图像超链接实现首页“友情链接”到“广东创新科技职业学院”网站首页。

（7）通过文件下载超链接下载资源文件“download.rar”。

2. 实现步骤

（1）在已经建好的站点根目录文件夹中，创建一个名为 img 的文件夹。

（2）把需要插入网页中的图片 top.jpg、main.jpg、bottom.jpg 和 chuangxinlogo.jpg 复制到文件夹 img 中，把文件 download.rar 复制到根目录文件夹中。

（3）在站点的根目录文件夹中，创建“在线学习网”首页 index.html 文档。

（4）在该 index.html 中输入以下代码：

```
<!doctype html>
<html>
<head>
<meta charset="utf-8">
<title>在线学习网首页</title>
```

```
    <style type="text/css">
    body {margin:0 auto; padding:0; width:960px; font-size:14px; line-height:
22px; }
    </style>
    </head>
    <body>
    <table width="960" height="760" border="0" cellspacing="0" cellpadding=
"0">
    <tr>
    <td  width="960" height="626"  bgcolor="#FFFFFF">
    <img src="img/main.jpg" width="960" height="626" usemap="#Map" border="0">
      <map name="Map" id="Map">
        <area shape="rect" coords="459,34,529,71" href="course_multimedia.html">
        <area shape="rect" coords="703,35,770,72" href="download.rar">
        <area shape="rect" coords="861,37,933,68" href="mailto:843118486@qq.com">
      </map>
    </td>
    </tr>
    <tr>
    <td width="960" height="74" valign="middle">
    <span style="font-size:16px; color: #00375C;">友情链接：</span><a href=
"http://www.gdcxxy.net"><img src="img/chuangxinlogo.jpg" height="23" width="128">
</a>
    </td>
    </tr>
    <tr>
    <td width="960" height="60" align="center" bgcolor="#666666">
    <span style="font-size:14px; color:#FFF">版权所有：工作室 Copyright&copy;
2018-2019 Studio.All rights reserved</span>
    </td>
    </tr>
    </table>
    </body>
    </html>
```

（5）保存 index.html 文档，运行代码，查看网页效果并进行适当的修改和调试，其网页效果如图 6-1 所示。

（6）在站点的根目录文件夹中，创建“在线学习网”中数字媒体技术概述课程子页面 course_multimedia.html 文档。

（7）在 course_multimedia.html 文档中输入以下代码：

```
    <!doctype html>
    <html>
    <head>
    <meta charset="utf-8">
```

```
<title>数字媒体技术概述</title>
<style>
body{margin:0 auto; padding:0; width:960px; font-size:14px; line-height:22px; }
.wenzi{ font-size:16px; font-weight:bolder; color:#000;}
</style>
</head>
<body>
<table width="960" border="0" cellspacing="0" cellpadding="0">
<tr>
<td bgcolor="#16AAF0" height="100">
<img src="img/top.jpg" width="960" height="100" usemap="#Map" border="0">
  <map name="Map" id="Map">
    <area shape="rect" coords="319,37,365,66" href="index.html">
  </map>
</td>
</tr>
<tr>
<td height="50" bgcolor="#16AAF0" style="color: #FFF;"> 当前位置-->
数字媒体-->数字媒体技术概述</td>
</tr>
<tr>
<td bgcolor="#CAD8FD">
<p></p>
<p style="font-size: 24px; font-weight: bold; color: #233742;">数字媒体技
术概述</p>
<ul type="square">
  <li><a href="#a1">数字媒体技术的基本概念</a></li>
  <li><a href="#a2">数字媒体技术的基本特征</a></li>
  <li><a href="#a3">数字媒体技术的发展</a></li>
  <li><a href="#a4">数字媒体技术的应用</a></li>
</ul>
</td>
</tr>
<tr>
<td bgcolor="#C4D5E5">
<p>     数字媒体技术是一门迅速发展的综合性电子信息技术。20
世纪 80 年代，人们曾经把几张幻灯片配上同步的声音称为数字媒体。今天，随着微电子、计算机、通
信和数字化音像技术的高速发展，数字媒体被赋予了全新的内容。数字媒体技术的发展改变了计算机的
使用领域，使计算机由办公室、实验室中的专用品变成了信息社会的普通工具，广泛应用于工业生产管
理、学校教育、公共信息咨询、商业广告、军事指挥与训练，甚至家庭生活与娱乐等领域，正在对人类
的生产方式、工作方式乃至生活方式带来巨大的变革。<br>
  <span class="wenzi">  1  数字媒体技术的基本概念</span><a id="a1"></a><br>
</p>
<p>媒体在计算机中有两种含义：一是指存储信息的物理实体，如光盘、磁盘、磁带等；二是指信
```

```
息的表现形式或载体，如文字、声音、图形、图像、动画和视频等。数字媒体技术中的媒体通常指后者。
<br>
        在计算机系统中，数字媒体指组合两种或两种以上媒体的一种人机交互式信息交流和传播媒体，
指多种信息载体的表现形式和传递方式。使用的媒体包括文字、图形、图像、声音、动画和视频，以及
程序所提供的互动功能。 <br>
        数字媒体技术是指将文本、音频、图形、图像、动画和视频等多种媒体信息通过计算机进行数
字化采集、编码、存储、传输、处理等交互式综合处理，使多种信息建立起逻辑连接，集成为一个系统
并具有交互性的技术。 <br>
    </p>
    <p> <span class="wenzi">  2  数字媒体技术的基本特征</span><a id="a2"></a><br>
             数字媒体技术是一种基于计算机的、多学科的综合技术，主
要有以下 5 个基本特征： <br>
        1.多样性：一方面指信息表现媒体类型的多样化，计算机所能处理的信息媒体的种类或范围扩
大，广泛采用图像、图形、视频、音频等多种信息形式来传递信息，使信息的表现生动逼真，使计算机
更加人性化。另一方面指媒体输入、传播、再现和展示手段的多样性。 <br>
        2.集成性：数字媒体技术是以计算机为核心的、综合处理多种信息媒体的技术。它包括信息媒
体的集成以及处理这些媒体的设备和软件的集成，使它们能综合发挥作用。一方面指将数字媒体信息（如
文本、图像、声音等）综合组成一个完整的数字媒体信息系统，另一方面指把输入显示媒体设备（如键
盘、鼠标等）和输出显示媒体设备（如显示器、扬声器等）集成一个整体。 <br>
        3.实时性：在数字媒体作品中，声音及活动的视频图像是同步的，数字媒体系统提供了对这些
实时媒体的即时处理能力。例如视频会议系统，画面和声音必须严格同步、实时传送。 <br>
        4.交互性：它改变了以往单向的信息交流方式，能够主动地与计算机进行交互式操作，更加有
效地控制和使用信息，是数字媒体技术的关键特点，从这个角度就可以初步判断哪些不是&ldquo;数
字媒体&rdquo;。如电视不具备计算机一样的交互性，不能对内容进行控制和处理，它就不是&ldquo;
数字媒体&rdquo;。 <br>
        5.数字化：是指数字媒体信息的储存和处理形式都以数字形式，易于存储、压缩等处理，运算
简单、抗干扰能力强。 </p>
    <p><span class="wenzi">  3   数字媒体技术的发展</span><a id="a3"></a><br>
    </p>
    <p>      1987 年 8 月，第一块声卡问世，它标志着数字媒
体技术开始进入实际应用阶段。1988 年，MPEG（Moving Pictures Experts Group，运动图像
专家组）建立，开始重视对运动图像的数据压缩方法及其国际标准的研究，这对数字媒体技术的发展具
有很大的推动作用。进入 20 世纪 90 年代，随着硬件技术的发展，数字媒体时代到来。之后，数字媒
体技术沿着以下两条主线发展：一条是视频技术的发展，一条是音频技术的发展。视频技术的发展经历
了三个高潮，它们分别是 AVI、MPEG 以及 Stream 三种视频存储格式及标准的出现。音频技术的发展
大致经历了两个阶段：一个是以单机为主的 WAV 和 MIDI 音乐；一个就是随后出现的各种网络音乐压
缩技术的发展。
    数字媒体技术促进了网络、通信、娱乐和计算机技术的融合，正向网络化、高速度化、简单化、
标准化、三维化、数字媒体终端的智能化和嵌入化的方向发展。如数字机顶盒技术，延伸出“信息家电
平台”概念，使数字媒体终端集家庭购物、家庭医疗、交互教学、视频点播等全方位应用为一身，代表
了嵌入化数字媒体终端的发展。
    <br>
    </p>
    <p>    <span class="wenzi">4 数字媒体的应用</span><a id="a4"></a>
```

```
<p>随着数字媒体技术的蓬勃发展，使得计算机不再是一个冷冰冰的机器设备，而更具人性化，并极大地缩短人与计算机之间的距离，同时计算机应用的领域越来越广泛，已经覆盖了各行各业，其典型应用包括以下几个方面。
（1）数字媒体教育：教育领域是数字媒体技术最早、发展最快、收益面最广的领域。数字媒体技术使教育的表现形式更加丰富多彩、信息量大、生动形象，有趣味性，还可实现交互，如数字媒体课件、数字媒体教室、远程教学等。
（2）商业应用：利用数字媒体技术制作企业广告、宣传展示，数字媒体售货亭，还可以进行网络商品直销等，方便了客户，促进了销售，提升了企业形象，扩展了商机，在销售和形象两方面都获益。利用多功能信息咨询和服务系统（POI），人类可以“足不出户”，从数字媒体数据库中查询需要的信息，如可以获取天气预报、旅游指南、商业购物、政治要闻等。
（3）电子出版物：以数字代码方式将图、文、声、像等信息存储在磁、光、电介质上，通过计算机或类似设备阅读使用，并可复制发行的大众传播媒体。分为网络型和单机型电子出版物。电子出版物比传统出版物具有更多优点：查找方便迅速，体积小，携带方便，寿命长，不怕虫蛀。例如通过数字媒体终端进行阅读。目前，图书馆的数字媒体阅览室已相当普及。
（4）通信应用：随着“信息高速公路”开通，包括声、文、图等在内的数字媒体邮件已被普遍使用，在此基础上发展起来的数字媒体视频会议系统、可视电话系统、远程医疗系统、数字媒体手机功能越来越强。
（5）娱乐应用：数字媒体技术给娱乐带来了革命性的变革，在线数字化的音乐和影像开始进入了家庭。如网络游戏、交互式电视与视频点播等。
</p>
</td>
</tr>
<tr>
<td height="30" bgcolor="#C4D5E5" align="right">
<hr width="100%" size="1" noshade="noshade" color="#4E5565">
 <a href="javascript:window.close()" style="font-size: 14px; text-align: right;">【关闭窗口】  </a></td>
</tr>
<tr>
<td width="960" height="60" align="center" bgcolor="#666666">
<span style="font-size:14px; color:#FFF">版权所有：工作室 Copyright&copy; 2018-2019 Studio.All rights reserved</span>
</td>
</tr>
</table>
</body>
</html>
```

（8）保存 course_multimedia.html 文档，运行代码，查看网页效果并进行适当的修改和调试，其网页效果如图 6-2 所示。

任务小结

网站可以通过各种形式的超链接将各个网页联系起来，形成一个整体，这样用户可以通过单击网页中的超链接找到自己需要的网页和信息。本任务主要介绍了文本形式的内部超链接、图片形式的外部超链接、电子邮件超链接、文件下载超链接、脚本超链接、锚记超链接和图像热点超链接等的创建方法。

思考与练习

一、填空题

1．创建超链接必须具备的条件是同时存在________和________。

2．在创建超链接时经常涉及的路径有两种：________和文件相对路径，通常外部超链接需要使用________，内部超链接使用________。

3．超链接必设的一个属性是________。

4．通过________属性，可使目标端点在不同的窗口打开。

5．根据源端点，超链接可分为________超链接、________超链接；根据目标端点，超链接则可分为________超链接、________超链接、锚记超链接、________超链接和文件下载超链接。

6．创建锚记超链接的步骤有两步：一是________；二是________。

二、简答题

1．什么是相对路径？什么是绝对路径？各自有什么优缺点？

2．在超链接标记<a>中，target 属性影响的是什么？

3．网页中一般可以使用哪几种超链接类型？

4．什么是锚记超链接？在网页中有什么作用？

5．什么是图像热点超链接？

三、操作训练题

1．使用本书配套的素材文件，通过设置页面超链接，制作“名人事迹学习网站”。

（1）在首页通过设置图像热点超链接，实现首页链接到画家子页面；使用同样的方法，实现画家子页面返回首页的链接。

（2）在画家子页面通过设置锚记超链接，实现列表部分到正文对应内容部分的超链接。

（3）在画家子页面通过设置电子邮件超链接，实现跳转到投稿邮箱 843118486@qq.com。

页面效果如图 6-9 和图 6-10 所示。

图 6-9 “名人事迹学习网站”首页

实际效果

世纪名人

首頁 畫家 文學家 音樂家 書法家 科學家 哲學家

达·芬奇（画家）

- 简介
- 生平
- 天才降生
- 非凡智慧
- 绘画神童

列昂纳多·达·芬奇（1452年4月15日－1519年5月2日），又译莱昂纳多·达·芬奇、李奥纳多·达·芬奇，意大利文艺复兴三杰之一，也是整个欧洲文艺复兴时期最完美的代表。他是一位思想深邃，学识渊博、多才多艺的画家、数学家、天文学家、预言家、发明家、医学家、生物学家、建筑工程师和军事工程师。他是一位天才，他深入研究光学、数学、地质学、生物学等多种自然科学的学科。他的艺术实践和科学探索精神对后代产生了重大而深远的影响。小行星3000被命名为"列奥纳多"以表示人们对列奥纳多·达·芬奇的尊敬和怀念。

1 简介

列昂纳多·达·芬奇（英文Leonardo Di Ser Piero Da Vinci）享年67岁。意大利文艺复兴天才画家、科学家、发明家。现代学者称他为"文艺复兴时期最完美的代表"，是人类历史上绝无仅有的全才，他最大的成就是绘画，他的杰作《蒙娜丽莎》和《最后的晚餐》等作品，体现了他精湛的艺术造诣。

他是一位思想深邃，学识渊博、多才多艺的画家、天文学家、发明家、建筑工程师和军事工程师。

他还擅长雕刻、音乐、发明、建筑，通晓数学、生物、物理、天文、地质等学科，既多才多艺，又勤奋多产，保存下来的手稿大约有6000页。达芬奇认为自然中最美的研究对象是人体，人体是大自然的奇妙之作品，画家应以人为绘画对象的核心。

达·芬奇，1452年4月15日生于托斯卡纳的芬奇附近。他在少年时已显露艺术天赋，15岁左右到佛罗伦萨拜师学艺，成长为具有科学素养的画家、雕刻家，并成为军事工程师和建筑师。1482年应聘到米兰后，在贵族宫廷中进行创作和研究活动，1513年起漂泊于罗马和佛罗伦萨等地。1516年侨居法国，1519年5月2日病逝。

在列昂纳多·达·芬奇逝世之后的500年间，人类一直对他进行研究与探索，欧美各国、以色列等亚洲国家设立了研究达芬奇的专门机构，他的祖国意大利更是把他作为文化的象征。

2 生平

（1）天才降生

在意大利佛罗伦萨附近的海滨小镇——芬奇镇，有一个叫安奇雅诺的小村庄。1452年4月15日，伟大的画家列昂纳多·达·芬奇就在这个美丽的地方降临人世。列昂纳多的父亲皮耶罗·达·芬奇是佛罗伦萨有名的公证人，家庭很富有。

（2）非凡智慧

达·芬奇经当代智商测试研究，其智商高达230分以上，是人类历史上智商最高的天才。

（3）绘画神童

列昂纳多的童年是在祖父的田庄里度过的。孩子时代的列昂纳多聪明伶俐，勤奋好学，兴趣广泛。他歌唱得很好，很早就学会弹七弦琴和吹奏长笛。他的即兴演唱，不论歌词还是曲调，都让人惊叹。他尤其喜爱绘画，常为邻居们作画，有"绘画神童"的美称。

列昂纳多14岁时，父亲皮耶罗受一个贵族的委托，要画一幅盾面画作为他们家族的标志，他就想让小芬奇试试，看看儿子到底能画到什么程度。小列昂纳多凭借自己丰富的想象力，用了一个月的时间，画成了一个吓人的妖怪美杜莎。这幅作品完成后，小列昂纳多请父亲来到他的房间。

他把窗遮去一半，将画架竖在光线恰好落在妖怪身上的地方。皮耶罗刚走进房间时，一眼就看到了这个面目狰狞的妖怪，吓得大叫起来。小列昂纳多则笑着对父亲说："你把画拿去吧，这就是它该产生的效果。"

（4）师从韦罗基奥

列昂纳多的父亲皮耶罗·达·芬奇确信儿子有绘画天赋，便将14岁的小列昂纳多送往佛罗伦萨，师从著名的艺术家韦罗基奥，开始系统地学习造型艺术。

韦罗基奥的作坊是当时佛罗伦萨著名的艺术中心，经常有意大利人文主义者在这里聚会，讨论学术问题。在这里，达·芬奇结识了一大批知名的艺术家、科学家和人文主义者，开始接受人文主义的熏陶。在20岁时列奥纳多已有很高的艺术造诣，他用画笔和雕刻刀去表现大自然和现实生活的真、善、美，热情歌颂人生的幸福和大自然的美妙。

列昂纳多并不满足他的这些才干，他要掌握人类思想的各个领域。他眼光独到，做事干练，具有艺术的灵魂。有一次，他在山里迷了路，走到了一个漆黑的山洞前。

他在后来回忆这段经历时说："我突然产生了两种情绪——害怕和渴望：对漆黑的洞穴感到害怕，又想看看其中是否会有什么怪异的东西。"他一生都被这两种情绪所羁绊——对生活的不可知性或无力探知的神秘感到害怕，而又想把这个神秘的不可知性加以揭露，加以研究，解释其含义，描绘其壮观。他很早就下定决心，要做一个研究者、一个教师、尤其是一个艺术家。

世纪名人网站 投稿邮箱：843118486@qq.com

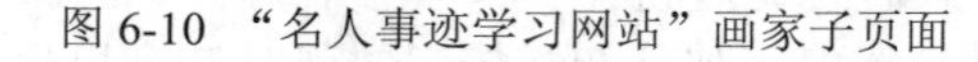

图 6-10 “名人事迹学习网站”画家子页面

实际效果

【操作提示】

（1）在已经建好的站点根目录文件夹中，创建一个名称为 img 的文件夹。

（2）把需要插入网页中的图片 top.jpg、main.jpg、bottom.jpg 复制到文件夹 img 中。

（3）在站点的根目录文件夹中，创建“名人事迹学习网站”首页 index.html 文档。

（4）在 index.html 中输入代码。

（5）保存 index.html 文件，运行代码，查看网页效果并进行适当的修改和调试，其网页效果如图 6-9 所示。

（6）在站点的根目录文件夹中，创建“名人事迹学习网站”画家子页面 artist.html 文档。

（7）在 artist.html 中输入代码。

（8）保存 artist.html 文件，运行代码，查看网页效果并进行适当的修改和调试，其网页效果如图 6-10 所示。

模块七

网页表单设计

表单在 Web 中的应用相当广泛，比如我们经常看到的登录页面、注册页面和留言板等应用。表单是网页与用户交互最直接、最频繁的 HTML 元素，它的主要功能是采集用户的信息和反馈意见，是网站管理者与访问者之间进行信息沟通的桥梁。因此，设计一个界面友好、功能清晰、操作便捷的表单网页是非常重要的。

知识目标

- 表单的作用
- 表单<form>标记的基本语法及属性
- 表单基本元素的应用

能力目标

- 理解表单的作用
- 掌握表单基本元素的应用方法
- 掌握在页面中正确使用各种表单元素

具体任务

- 任务 1　注册页面的设计
- 任务 2　读者留言板的设计

任务 1　注册页面的设计

任务描述

很多网站中都有注册页面，一方面，网站可以通过注册页面收集更多用户的信息；另一方面，用户可以在此页面注册成为网站会员，从而享受网站的更多服务。本任务要完成的是“在线学习网”注册页面的设计，网页效果如图 7-1 所示。

知识准备

7.1　了解表单

一个完整的网站不仅可以向用户展示信息，同时还需要具备获取用户信息的功能，比如我们常见的用户留言板、调查表或者注册表，这些都是能够实现网站与用户交互的动态网页，这种动态交互功能的实现就是利用了表单元素。

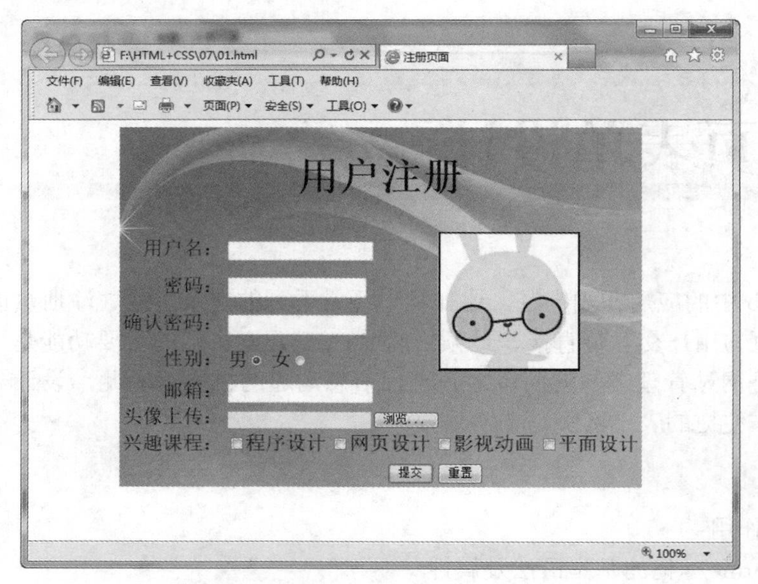

实际效果

图 7-1　注册页面

一个表单由三部分组成：

（1）表单标记：包括处理表单数据所用的 CGI 程序（通用网关接口）的 URL 和数据提交到服务器的方法。

（2）表单域：包括文本框、密码框、复选框、单选框、下拉选择框、文件上传框、多行文本框和隐藏域等。

（3）表单按钮：包括提交按钮、重置按钮和普通按钮；用于将数据传送到服务器上的 CGI 脚本或者取消输入，还可以用来控制其他定义了处理脚本的处理工作。

1. 表单的作用

表单在网页中的主要作用是采集用户数据，它提供一个页面，一个入口。表单处理信息的一般过程为：用户在表单中完成信息的填写后，单击表单中的提交按钮时，用户所输入的信息就会提交到服务器，服务器中的应用程序会对这些信息进行处理和响应，完成用户和服务器之间的交互。

2. 表单元素 form

表单是网页上一个特定的区域，这个区域是由<form>标记定义的，它是一对双标记，<form>标记代表表单区域的开始，</form>标记代表表单区域的结束，在<form>和</form>标记之间的所有内容都属于表单内容。

<form>标记的基本语法格式如下：

```
<form name="表单名称" action="表单提交地址" method="数据传输方式">
    …
</form>
```

在表单<form>标记中，表单名称、表单提交地址和数据传输方式是基本属性。一般情况下，表单提交地址 action 和数据传输方式 method 是必不可少的参数，其他属性根据具体情况给出，常用的表单属性如表 7-1 所示。

表 7-1　常用的表单属性

属　性	描　述	属性值的范围
name	定义表单名称，该属性是可选属性	字母或数字，不能含空格。不同的表单应尽量用不同的名称，以避免混乱
id	为表单提供唯一标识，该属性是可选属性	字母或数字，不能含空格。id 的属性值在同一个 HTML 文件中必须是唯一的，不能有两个重复的值
action	指定表单数据提交到哪个地址进行处理，该属性是必需的	URL 地址或电子邮件地址
method	指定数据提交服务器时使用的 HTTP 提交方式	get 和 post，默认方式是 get，常用的是 post
autocomplete	规定是否自动填写表单	on 和 off，on 为默认值，表示自动填写，off 表示不自动填写
target	规定 action 属性中地址的目标	_blank（新窗口）、_self（原窗口）、_parent（父窗口）、_top（最外层窗口）

通常情况下，在选择表单数据的传输方式时，当数据是简单的、容量小的而且不需要保密时，使用 get 方式，如果需要传输的数据容量比较大，或者数据需要保密时，使用 post 方式。

7.2　输入元素 input

只在 HTML 文档中插入表单<form>标记是不能实现其功能的，因为<form>标记只是规定了表单的区域。要真正实现表单收集信息的功能，需要表单标记和它所包含的具体表单元素相结合。属于表单内部的元素较多，input 元素是最常用的表单控件，它能够让用户在表单中输入信息，其基本语法格式如下：

```
<input type="输入控件类型" name="控件名字">
```

根据 type 属性值的不同可以得到不同的控件类型。表 7-2 所示是 type 常用的属性值。

表 7-2　type 常用的属性值

属 性 值	描　述
text	文本框
password	密码框
radio	单选按钮
checkbox	复选框
button	普通按钮
submit	提交按钮
reset	重置按钮
image	图片按钮
file	文本域
hidden	隐藏域

1. 文本框 text

文本框是使用最频繁的输入控件类型，在网页中很常见，文本框的基本语法格式如下：

```
<input type="text" name="field_name" value="field_value" size="size_value" maxlength="max_value" >
```

文本框的属性如表 7-3 所示。

表 7-3　文本框属性

属　性	描　述
name	文本框名称
value	文本框默认值
size	文本框的宽度（以字符为单位）
maxlength	文本框接受最大输入的字符数量

例如，在页面中插入一个文本框的代码如下：

```
用户名：<input type="text" name="user" value="Devid"  size="10">
```

运行效果如图 7-2 所示。

图 7-2　文本框

2. 密码框 password

密码框用于输入密码，输入的内容均以星号“*”、圆点或者其他系统定义的符号显示，用来保证输入密码的安全性。密码框的基本语法格式如下：

```
<input type="password" name="field_name" value="field_value" size="size_value" maxlength="max_value" >
```

密码框的属性如表 7-4 所示。

表 7-4　密码框属性

属　性	描　述
name	密码框名称
value	密码框默认值
size	密码框的宽度（以字符为单位）
maxlength	密码框接受最大输入的字符数量

例如，在页面中插入一个密码框的代码如下：

```
密码：<input type="password" name="password">
```

运行效果如图 7-3 所示。

图 7-3　密码框

3. 单选按钮 radio

单选按钮允许用户进行单一选择，在页面中以圆框表示。单选按钮的基本语法格式如下：

```
<input type="radio" name="field_name" value="value"  checked>
```

单选按钮的属性如表 7-5 所示。

表 7-5　单选按钮属性

属　　性	描　　述
name	单选按钮名称，如果是同一组单选按钮，则它们的名称相同
value	单选按钮默认值
checked	表示默认选中项

例如，在页面中插入单选按钮的代码如下：

```
男：<input type="radio" name="sex" checked>
女：<input type="radio" name="sex">
```

其中，表示为“男”的单选按钮默认选中，同时为了使性别中的“男”和“女”只能选择其中一个而不能同时被选中，必须把 name 属性设置为一样的值，运行效果如图 7-4 所示。

男：◉ 女：○

图 7-4　单选按钮

4. 复选框 checkbox

复选框允许用户在选择列表中选择一项或者多项，在网页中以方框表示。复选框的基本语法格式如下：

```
<input type="checkbox"  name="field_name" value="value" checked>
```

复选框的属性如表 7-6 所示。

表 7-6　复选框属性

属　　性	描　　述
name	复选框名称
value	复选框默认值
checked	表示默认选中项

例如，在页面中插入复选框的代码如下：

```
<input type="checkbox" name="course" checked>网页设计
<input type="checkbox" name="course">平面设计
<input type="checkbox" name="course" checked>程序设计
```

其中，“网页设计”和“程序设计”默认选中，运行效果如图 7-5 所示。

☑网页设计 ☐平面设计 ☑程序设计

图 7-5　复选框

5. 普通按钮 button

要想使用普通按钮实现一个触发事件，往往需要脚本的配合。普通按钮的基本语法格式如下：

```
<input type="button" name="field_name"  value="button_text">
```

普通按钮的属性如表 7-7 所示。

表 7-7　普通按钮属性

属　　性	描　　述
name	普通按钮名称
value	按钮上显示的文字

6. 提交按钮 submit

提交按钮可以将表单所填写的内容提交给服务器。提交按钮的基本语法格式如下：

```
<input type="submit" name="field_name"  value="submit_text">
```

提交按钮的属性如表 7-8 所示。

表 7-8 提交按钮属性

属 性	描 述
name	提交按钮名称
value	按钮上显示的文字，当用户不设置 value 值时，默认在按钮上显示的文字为“submit”

7. 重置按钮 reset

重置按钮可以将表单所填写的内容恢复到初始值。重置按钮的基本语法格式如下：

```
<input type="reset" name="field_name"  value="reset_text">
```

重置按钮的属性如表 7-9 所示。

表 7-9 重置按钮属性

属 性	描 述
name	重置按钮名称
value	按钮上显示的文字，当用户不设置 value 值时，默认在按钮上显示的文字为“reset”

8. 图片按钮 image

图片按钮是用一张图片代替按钮，这张图片像提交按钮一样具有提交的功能。图片按钮的基本语法格式如下：

```
<input type="image" name="field_name" src="image_url">
```

图片按钮的属性如表 7-10 所示。

表 7-10 图片按钮属性

属 性	描 述
name	图片按钮名称
src	图片的路径

9. 文本域 file

在网页中，我们可以使用文本域实现上传文件的操作，例如，上传头像、电子邮箱的附件，发送文件等，用户上传的文件将被保存在 Web 服务器上。文本域的基本语法格式如下：

```
<input type="file" name="field_name">
```

文件域的属性如表 7-11 所示。

表 7-11 文本域属性

属 性	描 述
name	文本域名称

10. 隐藏域 hidden

对于用户来说，隐藏域在页面中是看不见的，在表单中应用隐藏域是为了从表单里收集的信息被传送到远程服务器时不被用户看到。隐藏域的基本语法格式如下：

```
<input type="hidden" name="field_name">
```

隐藏域的属性如表 7-12 所示。

表 7-12　隐藏域属性

属　性	描　述
name	隐藏域名称

任务实现

1. 具体任务

（1）创建一个 HTML5 页面，制作注册页面；

（2）在页面中插入一个 form 元素；

（3）使用表格对注册页面的结构进行控制；

（4）在表格相对应的位置放入表单输入元素。

2. 实现步骤

（1）在 Dreamweaver CC 2017 中创建一个空白 HTML5 页面，保存为 index.html，文档中包含<head>、<body>等基本的 HTML 结构，并将标题改为“注册页面”。

```
<!doctype html>
<html>
<head>
    <meta charset="utf-8" />
    <title>注册页面</title>
</head>
<body>
</body>
</html>
```

（2）在<body>标记中，插入表单元素 form，在设计页面中呈现为红色虚线边框，表单名称为 form1，数据传输方式为 post，表单提交的地址为当前页面，代码如下：

```
<form name="form1" action="" method="post"></form>
```

（3）在<form>和</form>之间插入表格，用于对表单结构的控制。插入的表格为 9 行 3 列，合并相应的单元格，并插入背景图片 bg.jpg，表格在页面上居中对齐，代码如下：

```
<form name="form1" action="" method="post">
<table align="center" background="images/bg.jpg" >
  <tr>
    <td colspan="3"> </td>
  </tr>
```

```
    <tr>
      <td> </td>
      <td> </td>
      <td rowspan="4"> </td>
    </tr>
    <tr>
      <td> </td>
      <td> </td>
    </tr>
    <tr>
      <td> </td>
      <td> </td>
    </tr>
    <tr>
      <td> </td>
      <td> </td>
    </tr>
    <tr>
      <td> </td>
      <td colspan="2"> </td>
    </tr>
    <tr>
      <td> </td>
      <td colspan="2"> </td>
    </tr>
    <tr>
      <td> </td>
      <td colspan="2"> </td>
    </tr>
    <tr>
      <td colspan="2"> </td>
      <td> </td>
    </tr>
  </table>
  </form>
```

（4）在表格对应的单元格中添加输入元素，设置“用户名”“密码”“确认密码”“性别”“邮箱”“头像上传”“兴趣课程”和“提交”单元格的对齐方式为水平向右对齐，并对“用户注册”使用<h1>标题标记，效果如图 7-1 所示。

注册页面的完整代码如下：

```
  <body>
  <form name="form1" action="" method="post">
  <table align="center" background="images/bg.jpg">
    <tr>
      <td colspan="3" align="center"><h1>用户注册</h1></td>
    </tr>
```

```
      <tr>
        <td align="right">用户名：</td>
        <td><input type="text" name="user"></td>
        <td rowspan="4" valign="bottom"><img src="images/01.gif" width="150px"
height="150px"></td>
      </tr>
      <tr>
        <td align="right">密码：</td>
        <td><input type="password" name="password"></td>
      </tr>
      <tr>
        <td align="right">确认密码：</td>
        <td><input type="password" name="password"></td>
      </tr>
      <tr>
        <td align="right">性别：</td>
        <td>
        男<input type="radio" name="sex" checked>
        女<input type="radio" name="sex">
        </td>
      </tr>
      <tr>
        <td align="right">邮箱：</td>
         <td colspan="2"><input type="text" name="email"></td>
      </tr>
      <tr>
        <td align="right">头像上传：</td>
        <td colspan="2"><input type="file" name="image"></td>
      </tr>
      <tr>
        <td align="right">兴趣课程：</td>
        <td colspan="2">
        <input type="checkbox" name="interest">程序设计
        <input type="checkbox" name="interest">网页设计
        <input type="checkbox" name="interest">影视动画
        <input type="checkbox" name="interest">平面设计
        </td>
      </tr>
      <tr>
        <td colspan="2" align="right">
        <input type="submit" name="submit" value="提交">
        </td>
        <td><input type="reset" name="reset"  value="重置"></td>
```

```
    </tr>
  </table>
  </form>
  </body>
```

任务小结

通过本任务，我们学习了如何在 HTML 文档中创建表单，了解了<form>标记及其常用属性。表单元素 form 规定了表单的区域，要实现表单获取用户信息的功能，还需要在<form>与</form>标记中放入表单元素。本任务重点介绍了输入元素 input，在页面中常用的输入元素有文本框、密码框、复选框、单选按钮及普通按钮等。

任务 2　读者留言板的设计

任务描述

在一个网站中，往往会在网页中设计评论区或者留言板，这些评论区记录用户的想法和感受，留言板收集用户反馈的意见，以便不断更新和完善网站信息，使网站内容更加迎合用户的喜好，吸引更多的用户。同时，评论区或者留言板可以实现网站与用户之间的互动，拉近网站与用户之间的距离，使网站为用户提供更好的服务。

评论区或留言板的功能，可以使用表单元素来实现，本任务完成“读者留言板”页面的设计和制作，网页效果如图 7-6 所示。

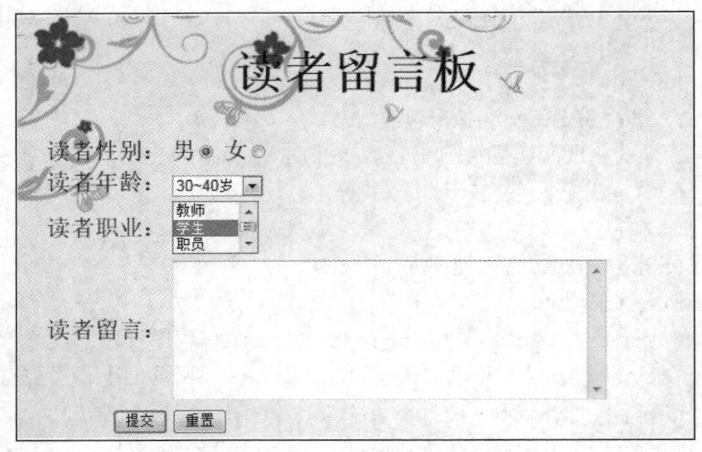

实际效果

图 7-6　读者留言板

知识准备

7.3　下拉选择框元素 select

在页面设计中，为了版面布局的美观或者节省空间，有时会使用下拉选择框。下拉选择框也是页面中常用的表单元素，它由<select>标记定义，是一对双标记，<select>标记定义了下拉选择框的开始，</select>标记定义了下拉选择框的结束。可以通过属性设置要显示的选项数量，以及是否允许多项选择等内容。

下拉选择框元素 select 的基本语法格式如下：

```
<select name="field_name" size="size_value" multiple>
  …
</select>
```

select 元素的常用属性如表 7-13 所示。

表 7-13　select 元素的常用属性

属　性	描　述
name	下拉选择框名称
size	下拉选择框的行数。size 属性为可选项，默认值为 1。当 size 的值不给出或者设置为 1 时，可以得到一个菜单，当 size 的值大于 1 而小于总项数时，可以得到一个列表
multiple	当设置 multiple 属性时，表示允许当前的下拉选择框进行多项选择，它是一个可选项

select 元素相当于一个容器，标记当前的下拉选择框是菜单还是列表，而它所包含的菜单或列表中的每一项都是由 option 元素定义的。

option 元素定义了下拉选择框里的选项，它也是一对双标记，选项的内容包含在开始标记<option>和结束标记</option>之间。option 元素要定义在<select>和</select>标记里面才能发挥作用。option 元素的基本语法格式如下：

```
<select name="field_name" >
    <option value="string" selected>选项 1</option>
    <option>选项 2</option>
    <option>选项 3</option>
    …
</select>
```

在下拉选择框中，有多少个选项就要给出多少对<option>标记，option 元素的常用属性如表 7-14 所示。

表 7-14　option 元素的常用属性

属　性	描　述
value	选择项的值
selected	指定默认选中的项，默认第一项被选中
disabled	指定该选项是不可被选择的

【例 7-1】 下拉选择框的应用。

```
<form name="form">
请选择你喜欢的课程：
    <select name="course">
       <option>计算机基础</option>
       <option>编程基础</option>
       <option>网页设计</option>
       <option>公共英语</option>
       <option>大学体育</option>
```

```
        </select>
    </form>
```

运行效果如图 7-7 所示。

图 7-7　课程选择菜单

在本例中，没有对 select 元素设置 size 属性，size 的默认值是 1，因此这里呈现的是菜单的形式。没有对任何一个<option>标记设置 selected 属性，所以默认第一项被选中。

对本例中的<select>标记添加 size 属性和 multiple 属性，并给“网页设计”<option>标记添加 selected 属性。那么课程下拉选择框就变成了列表的形式，可以对喜欢的课程进行多项选择，代码如下：

```
    <form name="form">
    请选择你喜欢的课程:
        <select name="course" size="3" multiple>
            <option>计算机基础</option>
            <option>编程基础</option>
            <option selected>网页设计</option>
            <option>公共英语</option>
            <option>大学体育</option>
        </select>
    </form>
```

运行效果如图 7-8 所示。

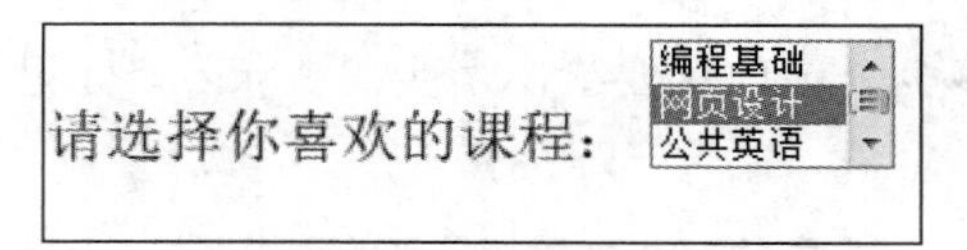

图 7-8　课程选择列表

7.4　多行文本域 textarea

多行文本域和任务 1 中所用到的文本框具有相同的功能，都可以在里面输入数据，当我们需要输入较多的内容时，往往选用 textarea 元素。textarea 元素可以用于数据的输入，又可以用于数据的显示区域，如“留言区”就是用于数据的输入，而“协议”就是用于显示协议内容。

多行文本域 textarea 元素的基本语法格式如下：

```
    <textarea name="field_name"  cols="number"  rows="number">
    </textarea>
```

textarea 元素也是在页面中经常使用的表单元素，它是一对双标记，<textarea>标记为开始标记，</textarea>标记为结束标记，需要在页面显示的初始文本内容放置于<textarea>与</textarea>标记之间。

textarea 元素的常用属性如表 7-15 所示。

表 7-15 textarea 元素的常用属性

属 性	描 述
name	多行文本域名称
cols	多行文本域的宽度，单位是单个字符宽度
rows	多行文本域的高度，单位是单个字符高度
readonly	设置多行文本域的内容为只读，不能对多行文本域里的内容进行删除
wrap	定义输入内容大于文本域时的显示方式

【例 7-2】 多行文本域的应用。

```
<textarea name="judge" rows="4" cols="20">
说两句吧
</textarea>
```

本例设计了一个高度为 4，宽度为 20 的多行文本域，且多行文本域的初始内容为“说两句吧”，运行效果如图 7-9 所示。

图 7-9 多行文本域

任务实现

1. 具体任务

（1）创建一个 HTML5 页面，制作“读者留言板”页面；

（2）在 HTML 页面中插入一个 form 元素；

（3）使用表格对“读者留言板”页面的结构进行控制；

（4）在表格相对应的位置放入表单输入元素、下拉选择框元素及多行文本域元素。

2. 实现步骤

（1）在 Dreamweaver CC 2017 中创建一个空白 HTML5 页面，保存为 index.html，文档中包含有<head>、<body>等基本的 HTML 结构，并将标题改为“读者留言板”。

```
<!doctype html>
<html>
<head>
    <meta charset="utf-8" />
    <title>读者留言板</title>
</head>
<body>
</body>
</html>
```

（2）在<body>标记中，插入表单元素 form，在设计页面中呈现为红色虚线边框，表单名称为 form2，数据传输方式为 post，表单提交的地址为当前页面，代码如下：

```
<form name="form2" action=" " method="post"></form>
```

（3）在<form>和</form>之间插入表格，用于对表单结构的控制。插入的表格为 6 行 2 列，合并相应的单元格，并插入背景图片 bg1.jpg，设置表格在页面上居中对齐，表格宽度设置为 600px，代码如下：

```
<body>
<form name="form2" action="" method="post">
<table align="center" background="images/bg1.jpg" width="600px">
  <tr>
    <td colspan="2"> </td>
  </tr>
  <tr>
    <td> </td>
    <td> </td>
  </tr>
  <tr>
    <td> </td>
    <td> </td>
  </tr>
  <tr>
    <td> </td>
    <td> </td>
  </tr>
  <tr>
    <td> </td>
    <td> </td>
  </tr>
  <tr>
    <td> </td>
    <td> </td>
  </tr>
</table>
</form>
</body>
```

（4）在表格对应的单元格中放入输入元素 input、下拉选择框元素 select 及多行文本域元素 textarea，设置“读者性别”“读者年龄”“读者职业”“读者留言”和“提交”单元格，对齐方式为水平向右对齐，并对“读者留言板”使用<h1>标题标记，效果如图 7-6 所示。

读者留言板页面的完整代码如下：

```
<body>
<form name="form2" action="" method="post">
<table align="center" background="images/bg1.jpg" width="600px">
  <tr>
    <td colspan="2" align="center"><h1>读者留言板</h1></td>
  </tr>
  <tr>
    <td align="right">读者性别：</td>
```

```
      <td>
        男<input type="radio" name="sex" value="man" checked>
        女<input type="radio" name="sex" value="women">
        </td>
    </tr>
    <tr>
      <td align="right">读者年龄：</td>
      <td>
        <select name="age">
           <option>20～30 岁</option>
          <option selected>30～40 岁</option>
          <option>40～50 岁</option>
          <option>50～60 岁</option>
          <option>60 岁以上</option>
        </select>
      </td>
    </tr>
    <tr>
      <td align="right">读者职业：</td>
      <td>
        <select name="status" size="3">
          <option>教师</option>
          <option selected>学生</option>
          <option>职员</option>
          <option>工人</option>
          <option>快递员</option>
          <option>自由职业</option>
        </select>
      </td>
    </tr>
    <tr>
      <td align="right">读者留言：</td>
      <td><textarea name="words" cols="45" rows="8"></textarea></td>
    </tr>
    <tr>
      <td align="right"><input type="submit" name="submit" value="提交"></td>
      <td><input type="reset" name="reset" value="重置"></td>
    </tr>
  </table>
  </form>
  </body>
```

任务小结

通过本任务，我们学习了表单中的下拉选择框 select 元素、option 元素和多行文本域 textarea 元素的应用。通过设置<select>标记中的 size 属性，可以把下拉选择框设置为菜单或者列表；通过设置<textarea>标记中的 cols 和 rows 属性，可以改变多行文本域的宽度和高度。

思考与练习

一、填空题

1．表单是由________元素定义的。

2．输入元素的标记是________。

3．要在页面中设置一个密码框，应把输入元素中的 type 属性设置为________。

4．文本框中 size 属性的作用是________，maxlength 属性的作用是________。

5．在多行文本域中，通过________属性控制多行文本域的高度，通过________属性控制多行文本域的宽度。

6．在<select>标记中，size 属性的作用是________，multiple 属性的作用是________。

7．要使下拉选择框的选项被默认选中，应对<option>标记设计________属性。

二、简答题

1．常用的表单输入元素有哪些？

2．表单的作用是什么？

3．表单中的按钮有哪几种？

三、操作训练题

1．使用表单设计一个登录页面，并设置用户名文本框的最大输入长度为 12，效果如图 7-10 所示。

2．使用表单完成大学生网购调查表的设计，效果如图 7-11 所示。

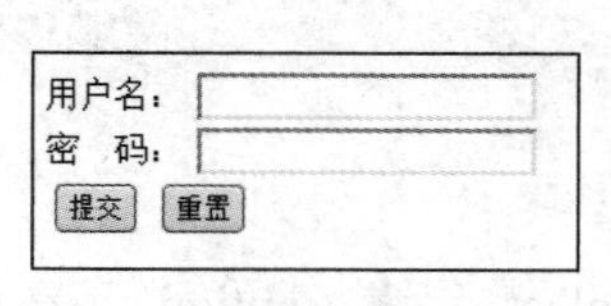

图 7-10　登录页面

大学生网购调查表

1、性别：
男
女
2、所在年级
大一
3、网购时，使用的付款方式：
银行卡支付
货到付款
微信支付
支付宝支付
其他
4、网购时，对于货物，你最喜欢的快递：
圆通
申通
中通
邮政
优速
5、你对网购有什么改善建议？
提交　重置

图 7-11　大学生网购调查表

模块八

网页的 CSS 样式设计

相对于传统的 HTML 对样式的控制而言，CSS 能够对网页中对象的位置进行像素级的精确控制。通过 CSS 样式表可以高效地设计页面元素的显示样式，同时又能很好地解决网页中内容与表现相分离的问题。良好的 CSS 代码设计，能够达到最大限度的代码重用，从而降低代码量和维护成本。本模块介绍网页的 CSS 样式设计。

知识目标

- CSS 的语法结构
- CSS 样式表的使用方法
- CSS 的文本属性、字体属性、列表属性

能力目标

- 理解 CSS 的作用
- 掌握 CSS 样式表的使用方法
- 应用 CSS 样式表修饰页面
- 掌握 CSS 的基本应用

具体任务

- 任务 1　网页大标题的样式设计
- 任务 2　网页中的文字排版
- 任务 3　制作新闻列表排行榜

任务 1　网页大标题的样式设计

任务描述

在网页内容展示中，标题往往是吸引用户阅读详细内容的关键，美观而大方的网页标题是各大网站的主流，设计者主要在标题的文字字体、字号大小、加粗、居中对齐、边框线条等方面加以修饰，如新浪网的新闻标题，采用了 38px 的微软雅黑字体来展示，端庄而醒目，如图 8-1 所示。

本任务应用 CSS 美化网页标题，运行效果如图 8-2 所示。

sina新闻中心 国内新闻>正文

新时代我国网络安全工作取得显著成绩

图 8-1 新浪网新闻标题

信 息 工 程 学 院 简 介

实际效果

图 8-2 应用 CSS 美化网页标题

知识准备

8.1 什么是 CSS

CSS 是层叠样式表（Cascading Style Sheets）的简称，是用来表现 HTML 或 XML 的标记语言，运用 CSS 样式与 HTML 所描述的信息结构相结合，能够帮助网页设计者将网页内容与表现相分离，使网站更加容易构建与维护。

CSS 能够对网页中元素位置的排版进行像素级的精确控制，支持几乎所有的字体、字号、样式，拥有对网页对象和模型样式的编辑能力，被越来越多的网站选用。

1. CSS 的主要优点

CSS 的主要优点如下。

（1）缩减页面代码长度，提高页面浏览速度，降低带宽成本。

（2）结构清晰，方便搜索引擎的检索。用只包含结构化内容的 HTML 代替嵌套的标记，搜索引擎能更有效地搜索，并可能给出较高的评价（ranking）。

（3）缩短改版时间。只需要简单地修改几个 CSS 文件就可以重新设计一个有成百上千个页面的站点。

（4）强大的字体控制和排版能力。CSS 控制字体的能力比<font>标记好很多，有了 CSS，网页设计者不再需要使用<font>标记或者 1px 透明的 GIF 图片来控制标题和改变字体颜色、字体样式等。

（5）容易编写。可以像编写 HTML 代码一样轻松地编写 CSS 代码。

（6）提高易用性。使用 CSS 可以结构化 HTML，CSS 在几乎所有浏览器上都可以使用。

（7）一次设计，随处使用。以前一些必须通过图片转换才能实现的功能，现在用 CSS3 可以轻松实现。

（8）表现与内容相分离。CSS 将设计部分剥离出来，放在一个独立的样式文件中，可以减少未来网页无效的可能性，更好地控制页面布局。在使用 table 标记进行页面布局时，垃圾代码会很多，一些修饰的样式和布局的代码混合一起，很不直观。而使用 DIV+CSS 更能体现表现与结构相分离，结构的重构性强。

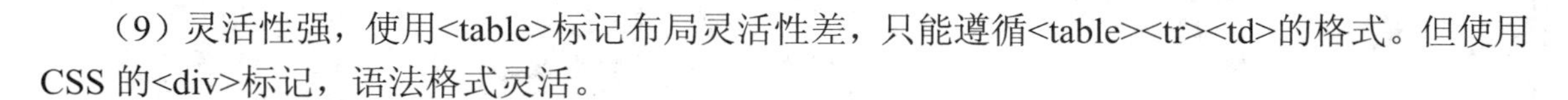

（9）灵活性强，使用<table>标记布局灵活性差，只能遵循<table><tr><td>的格式。但使用 CSS 的<div>标记，语法格式灵活。

2. CSS 的版本

CSS 主要有三个版本，分别是 CSS1、CSS2、CSS3。就目前的使用情况而言，CSS2 使用得比较多，因为 CSS1 的属性较少，而 CSS3 的有些效果只有高版本浏览器才能呈现。CSS 的各个版本之间是向下兼容的，比如 CSS3 是在 CSS2 的基础上添加了很多新特性，这些新特性更加符合移动开发的需求，加快开发速度。随着各大浏览器的版本更新，这些浏览器应该会渐渐地、更加标准地支持 CSS3 的新特性。

3. CSS 的语法结构

CSS 的语法结构主要由两部分构成：选择器和一条或多条声明。每条声明由一个属性和一个值组成，属性和值用冒号分开，CSS 声明总是以分号结束，声明组用花括号{}括起来，如图 8-3 所示。

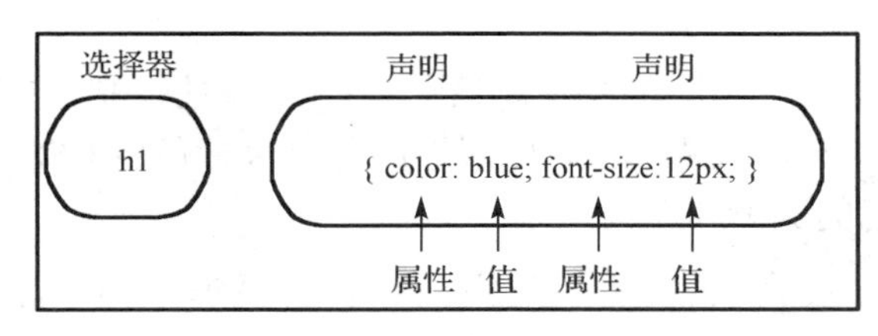

图 8-3　CSS 的语法结构

选择器（selector）是指样式所要针对的对象，可以是 HTML 标记（如<p>、<h2>、<a>），也可以是定义了的特定的 id 或 class（如#main、.box），浏览器将对 CSS 进行严格的解析，每一组样式均会被浏览器应用到对象上。

属性（property）是 CSS 样式的核心，对于每个 HTML 标记，CSS 都提供了丰富的样式属性，如颜色、大小、定位、浮动等。

值（value）是指属性的值，形式有两种，一种是指定范围的值（如 float 属性，只能应用 left、right、none 三种值），另一种为数值（如 width 属性，能够使用 0～9999px 或由其他单位指定的任意值）。例如：

```
body{background-color:green;}
```

它表示选择器为 body，属性为 background-color，这个属性用于控制对象的背景颜色，其值为 green（绿色），通过应用这组 CSS 可将整个网页的背景颜色设置为绿色。又如：

```
p{
    color:red;
    text-align:center;
    font-size:30px;
}
```

对<p>标记指定了三个样式属性，包括文字颜色、对齐方式和文字大小。同样，id 或 class 也能通过相同的形式编写样式，例如：

```
#nav{
    width:200px;
    height:30px;
    float:left;
}
.box{
    color:#ff0099;
    text-indent:2em;
    line-height:1.5em;
}
```

8.2 CSS 的应用

1. CSS 样式表的创建与使用

CSS 编码有多种样式可应用于 HTML 页面中，常用的样式主要有三种：行间样式、内部样式、外部样式。

（1）行间样式

行间样式，也称内联样式，由 HTML 标记中的 style 属性控制。要使用行间样式，需要在相关的标记内使用样式（style）属性，style 属性中可以包含任何 CSS 属性。

【例 8-1】 改变段落的颜色和左内边距。

```
<p style="color:#f00;padding-left:20px">这是一个段落。</p>
```

由于行间样式将表现和内容混杂在一起，会损失掉样式表的许多优势，应慎用这种方法。

（2）内部样式

内部样式是 CSS 样式编码的初级应用形式，样式表作为页面的一个单独部分，由<style>…</style>标记定位在<head>…</head>之中，内部样式和行间样式有相似之处，都是将 CSS 样式代码写在页面中，它只能针对当前页面有效，不能跨页面执行。例如：

```
<head>
<style type="text/CSS">
hr {color:blue;}
p {margin-left:20px;}
body {background-color:#ccc;}
</style>
</head>
```

（3）外部样式

外部样式是 CSS 应用中最方便的一种形式，它将 CSS 样式代码单独放在一个外部文件中，再由网页进行调用。而且多个网页可以调用同一个样式文件，这样能够实现代码的最大限度重用及网站文件的最优化配置。当样式需要应用于很多页面时，外部样式表是理想的选择。在使用外部样式表的情况下，网页设计者可以通过改变一个文件来改变整个站点的外观。可在每个页面的<head>中使用<link>标记链接到外部样式表，例如：

```
<head>
<link rel="stylesheet" type="text/CSS" href="mystyle.css"/>
</head>
```

浏览器会从文件 mystyle.css 中读到样式声明，并根据它来格式化文档。外部样式表可以在任何文本编辑器中进行编辑，文件以.css 扩展名进行保存。

2. CSS 文本属性

CSS 文本属性主要定义文本的字体、大小、加粗、风格（如斜体）和变形（如小型大写字母）等，常用的 CSS 文本属性如表 8-1 所示。

表 8-1　CSS 文本属性

属　性	描　述	属性值的范围
color	设置文本颜色	十六进制值，如#ff0000，或简写为#f00 一个 RGB 值，如 rgb(255,0,0) 颜色的名称，如 red
letter-spacing	设置字符间距	通常以 px、em 为单位，正数为增加字符间的间距，负数为减少字符间的间距，如 letter-spacing:5px
line-height	设置行高	通常以 px、em 为单位，用来设置行与行之间的距离，如 line-height:1.6em
text-align	对齐元素中的文本	通常为三个值：left,center,right
text-decoration	向文本添加修饰	none：标准文本，常用于去掉超链接的下画线 underline：定义文本下的一条线 overline：定义文本上的一条线 line-through：定义穿过文本的一条线
text-indent	缩进元素中文本的首行	通常以 em 为单位，表示缩进的字符个数，如 text-indent:2em
text-shadow	设置文本阴影	CSS3 的属性，语法格式为 text-shadow: h-shadow v-shadow blur color h-shadow：必需，水平阴影的位置 v-shadow：必需，垂直阴影的位置 blur：可选，模糊的距离 color：可选，阴影的颜色
text-transform	控制元素中的英文字母	capitalize：文本中的每个单词以大写字母开头 uppercase：定义仅有大写字母 lowercase：定义仅有小写字母
white-space	设置元素中空白的处理方式	用得较多的属性为 nowrap，使文本不换行，文本会在在同一行上继续，直到遇到 标记为止
word-spacing	设置字间距	主要用于英文单词之间间距的增加与减少

任务实现

1. 具体任务

（1）创建一个 HTML5 页面，选择合适的标记对网站内容标题进行描述；

（2）应用 CSS 的文本样式和边框样式对内容进行外观的控制，编写 CSS 代码；

（3）使用内部样式的形式将所写 CSS 代码应用于该网页。

2. 实现步骤

（1）在 Dreamweaver CC 2017 中创建一个空白 HTML5 页面，保存为 index.html，文档中包含<head>、<body>等基本的 HTML 结构。

```
<!doctype html>
<html>
<head>
    <meta charset="utf-8" />
    <title>信息工程学院简介</title>
</head>
<body>
</body>
</html>
```

（2）在<body>标记中，使用标题标记<h1>将内容进行语义化标记，如图 8-4 所示。

注意：由于 h 元素拥有确切的语义，因此应慎重地选择恰当的标记层级来构建文档的结构，不要利用标题标记来改变同一行中的字体大小。相反，应当使用层叠样式表定义来设计漂亮的显示效果。

（3）使用 CSS 设计器在页面上创建 CSS，并为<h1>标记设计 CSS 属性。

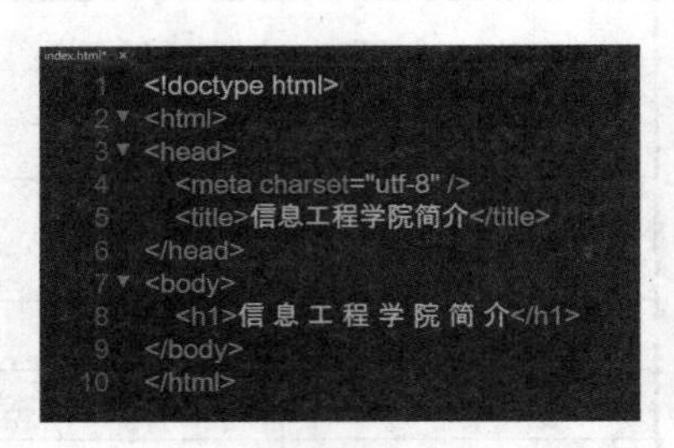

图 8-4　添加网页标题标记<h1>

① 在 Dreamweaver CC 2017 中打开“窗口”菜单，选择“CSS 设计器”选项，再单击左上角的“+”，选择“在页面中定义”选项，添加新的 CSS 源，如图 8-5 所示，在<head>区域将会添加<style type="text/css"></style>标记结构。

图 8-5　添加新的 CSS 源

② 在 CSS 设计器面板的左下角单击“+”，输入要添加的选择器“h1”，如图 8-6 所示。

图 8-6　添加 CSS 选择器

③ 在 CSS 设计器面板的右侧，对<h1>标记添加相关的属性及属性值，如图 8-7 所示，添加完成后，可在 CSS 设计器中更改属性值，也可以在代码中直接修改。

```
1   <!doctype html>
2   <html>
3   <head>
4       <meta charset="utf-8" />
5       <title>信息工程学院简介</title>
6       <style type="text/css">
7           h1{
8               width:600px;
9               font-family: Microsoft Yahei;
10              font-size: 38px;
11              color: #630;
12              text-align: center;
13              line-height: 2em;
14              word-spacing: 10px;
15              border-bottom:#996 dashed 4px;
16          }
17      </style>
18  </head>
19  <body>
20      <h1>信 息 工 程 学 院 简 介</h1>
21  </body>
22  </html>
```

图 8-7　更改属性及属性值

④ 保存文件，在保存网页的文件夹中打开 index.html，直接在浏览器中浏览网页的效果，效果如图 8-2 所示。

任务小结

通过本任务，我们学习了 CSS 的语法结构，常用的 CSS 文本属性和属性值的作用，以及 CSS 样式表的创建（用于控制本网页的外观样式）。CSS 代码的编写可以借助编辑器不断熟练，同时也可使用 Dreamweaver 中的 CSS 设计器创建和管理 CSS。CSS 拥有强大的页面控制能力，是 Web 前端设计人员不可缺少的知识。本任务只介绍了 CSS 的部分用法，其他用法将在后续模块中介绍，同时读者也可查阅参考资料加强学习。

本任务主要对 h1 标题添加了文本属性，另外添加的 width 和 border-bottom 将在后续模块中介绍（为达到更好的效果在此暂时先使用），各属性的作用如表 8-2 所示。

表 8-2　任务 1 中各属性的作用

属　　性	作　　用	属性类型
width:600px;	设置标题占据页面的宽度	布局属性

续表

属　性	作　用	属性类型
font-family: Microsoft Yahei;	设置字体为微软雅黑	字体属性
color: #630;	设置文字的颜色值为#630	字体属性
font-size: 38px;	设置字体大小为 38 像素	字体属性
text-align: center;	设置文字居中对齐	字体属性
line-height: 2em;	设置文本的行高为 2 个字体宽	字体属性
word-spacing: 10px;	设置字符间距为 10 像素	字体属性
border-bottom:#996 dashed 4px;	设置标题下边框为 4 像素的虚线，颜色为#996	边框属性

任务 2　网页中的文字排版

任务描述

对于网页而言，文字、图片、图标、按钮、表单等元素都承载着不同类型的信息。网站上每个元素都能影响用户的浏览，其中，文字的作用尤其重要。排版设计时，对文本内容的处理占据了相当大的比例。虽然在网络上，信息呈现的方式多种多样，但是依然有超过九成的信息是通过文本来传递的。

文字的排版需要考虑文字辨识度和页面易读性，好的排版效果能使用户有好的用户体验，文字内容在视觉上应该是平衡和连贯的，并且有整体的空间感。中文网站中对排版的认识主要来源于传统纸媒，通常采用段落的样式进行内容的分段，主要对首行缩进、文字的字体样式、行间距等进行设计。

本任务主要应用 CSS 外部样式表的形式对网页中的文字内容进行排版，效果如图 8-8 所示。

信息工程学院简介

广东创新科技职业学院信息工程学院于2015年9月在计算机与通信系基础上组建。从2011年开始招生，经过五年的发展，现有在校学生2200多名，已开设计算机应用技术、通信技术、计算机网络技术、软件技术、电子信息工程技术、动漫制作技术6个专业14个专业方向，2016年招收电信服务与营销专业。计算机应用技术专业获得广东省高等职业教育重点（培育）专业立项、广东省民办教育专项资金高职院校专业建设项目立项，计算机应用技术专业实训基地获广东省高等职业教育实训基地项目立项。

信息工程学院的前身是计算机与通信系，2011年7月成立，柳青教授担任首任系主任（2011年7月—2014年5月），李竺教授担任第二任系主任（2014年5月—2015年7月）；2015年7月组建信息工程学院，院长冯天亮教授，副院长骆金维，党总支书记周勇。信息工程学院是学校的二级学院，组织架构和队伍，除专任教师外，还有院长、副院长、党总支书记，以及教学秘书、行政秘书、辅导员、实训室管理员等.设有6个专业教研室、1个公共基础教研室、1个信息工程实训中心。

信息工程学院经过五年的发展，在各方面都取得了长足的进步，在校学生数量连续递增。管理机构设置合理，师资力量雄厚，有一支较高水平的专兼职教师队伍，其中专职教职工51名，专任教师48名；教授4名，副教授3名，高级工程师 6名，副高以上职称占专职教师27%；双师型教师25名，占专职教师52%。

实际效果

图 8-8　文字内容排版效果

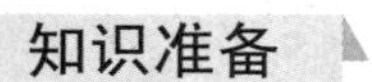

8.3　CSS 字体样式

CSS 支持的字体样式主要包含对字体属性定义文本的字体、字号、颜色、加粗、风格（如斜体）和变形（如小型大写字母）等。

1. 字体系列（font-family）

font-family 属性用于设置文本的字体系列。font-family 属性通常设置几个字体名称作为一种“后备”机制，如果浏览器不支持第一种字体，它将尝试下一种字体。多个字体系列用逗号分隔，例如：

```
p{font-family:"Times New Roman", Times, serif;}
```

2. 字体样式（font-style）

font-style 属性主要用于指定斜体文字的字体样式属性。这个属性有三个值：正常 normal（正常显示文本），斜体 italic（以斜体字显示文本），倾斜的文字 oblique（文字向一边倾斜）。注意，italic 和 oblique 都是向右倾斜的文字，但区别在于 italic 是指斜体字，而 oblique 是指倾斜的文字，对于没有斜体的字体应该使用 oblique 属性来实现倾斜的文字效果。例如：

```
p.normal{font-style:normal;}
p.italic{font-style:italic;}
p.oblique{font-style:oblique;}
```

3. 字体大小（font-size）

font-size 属性用于设置文本字体的大小。能否管理文字的大小，在网页设计中是非常重要的。但是，建议不要通过调整字体大小使段落看上去像标题，或者使标题看上去像段落，而是要合理使用语义化的 HTML 标记，如<h1>～<h6>标记表示标题，<p>标记表示段落等。字体大小的值可以是绝对大小或相对大小。绝对大小是指设置一个指定大小的文本，不允许用户在所有浏览器中改变文本大小，当确定输出的物理尺寸时，绝对大小更适用。相对大小是指相对于周围的元素来设置大小，允许用户在浏览器中改变文字大小。如果不指定一个字体的大小，其默认大小和普通文本段落一样，为 16px。

（1）用 px 设置字体大小

【例 8-2】 使用 px 设置文本的大小。

```
h1 {font-size:40px;}
h2 {font-size:30px;}
p {font-size:14px;}
```

上面的例子可以在 IE、Firefox、Chrome、Opera 和 Safari 浏览器中通过缩放浏览器调整文本大小。虽然可以通过浏览器的缩放工具调整文本大小，但是，这种方法调整的是整个页面，而不仅仅是文本。

（2）用 em 设置字体大小

为了避免在 IE 浏览器中无法调整文本大小的问题，许多开发者使用 em 单位代替像素，

em 是由 W3C 建议的尺寸单位。1em 和当前字体大小相等，在浏览器中，默认的文字大小是 16px。因此，1em 的默认大小是 16px。em 和 px 的转换公式为：px/16=em。

【例 8-3】 使用 em 设置文本的大小。

```
h1{font-size:2.5em;}/* 40px/16=2.5em */
h2{font-size:1.875em;}/* 30px/16=1.875em */
p{font-size:0.875em;}/* 14px/16=0.875em */
```

在上面的例子中，文字大小与【例 8-1】中一样。不过，如果使用 em 为单位，则可以在所有浏览器中调整文本大小。但对于 IE 浏览器来说，调整文本的大小时会比正常的尺寸更大或更小。

（3）使用百分比和 em 组合

在所有浏览器的解决方案中，设置 <body>元素的默认字体大小的方法是百分比，例如：

```
body{font-size:100%;}
h1{font-size:2.5em;}
h2{font-size:1.875em;}
p{font-size:0.875em;}
```

上面的代码非常有效，实现在所有的浏览器中显示相同的文本大小，并允许所有浏览器缩放文本的大小。

4. 字母变形（font-variant）

font-variant 属性设置小型大写字母的字体显示文本，这意味着所有的小写字母均会被转换为大写，但是所有使用小型大写字体的字母与其余文本相比，其字体尺寸更小，因此，该属性的应用较少。其属性值有三个：normal 默认值，浏览器会显示一个标准的字体；small-caps，浏览器会显示小型大写字母的字体；inherit，规定应该从父元素继承 font-variant 属性的值，例如：

```
p{font-variant:small-caps;}
```

5. 字体加粗（font-weight）

font-weight 属性设置文本的粗细，其属性值如表 8-3 所示。

表 8-3　font-weight 属性值

属　性　值	描　　述
Normal	默认值，定义标准字符
bold	定义粗体字符
bolder	定义更粗的字符
lighter	定义更细的字符
100 200 300 400 500 600 700 800 900	定义由粗到细的字符，400 等同于 normal，700 等同于 bold
inherit	规定应该从父元素继承字体的粗细

6. 所有字体属性（font）

font 属性在一个声明中设置所有字体属性，可设置的属性是（按顺序）：font-style、font-variant、font-weight、font-size/line-height、font-family，其中 font-size 和 font-family 的值是必需的。如果缺少了其他值，则将插入默认值。例如：

```
p{font:italic bold 12px/20px arial,sans-serif;}
```

CSS 字体样式的各属性如表 8-4 所示。

表 8-4 CSS 字体属性

属　性	描　述
font	在一个声明中设置所有的字体属性
font-family	指定文本的字体系列
font-size	指定文本的字体大小
font-style	指定文本的字体样式
font-variant	以小型大写字体或者正常字体显示文本
font-weight	指定字体的粗细

任务实现

1. 具体任务

（1）创建一个 HTML5 页面，使用合适的标记对网站内容进行结构定义；

（2）创建独立的 CSS 文档，编写 CSS 代码，应用 CSS 的字体样式、文本样式对网页内容进行外观控制；

（3）使用外部样式表的形式将所写 CSS 应用于不同的网页。

2. 实现步骤

（1）在 Dreamweaver CC 2017 中创建一个空白 HTML5 页面，保存为 new1.html，使用<div>、<h2>、<p>标记对网页内容进行结构定义，HTML 代码如下。

```
<!doctype html>
<html>
<head>
    <meta charset="utf-8" />
    <link href="news.css" rel="stylesheet" type="text/css">
</head>
<body>
     <div>
          <h1>信息工程学院简介</h1>
          <p>广东创新科技职业学院信息工程学院于 2015 年 9 月在计算机与通信系基础上组建。从 2011 年开始招生，经过五年的发展，现有在校学生 2200 多名，已开设计算机应用技术、通信技术、计算机网络技术、软件技术、电子信息工程技术、动漫制作技术 6 个专业 14 个专业方向，2016 年招收电信服务与营销专业。计算机应用技术专业获得广东省高等职业教育重点（培育）专业立项、广东省民办教育专项资金高职院校专业建设项目立项，计算机应用技术专业实训基地获广东省高等职业教育实训基地项目立项。 </p>
          <p>信息工程学院的前身是计算机与通信系，2011 年 7 月成立，柳青教授担任首任系
```

```
主任(2011 年 7 月—2014 年 5 月),李竺教授担任第二任系主任(2014 年 5 月—2015 年 7 月);2015 年 7 月组建信息工程学院,院长冯天亮教授,副院长骆金维,党总支书记周勇。信息工程学院是学校的二级学院,组织架构和队伍,除专任教师外,还有院长、副院长、党总支书记,以及教学秘书、行政秘书、辅导员、实训室管理员等。设有 6 个专业教研室、1 个公共基础教研室、1 个信息工程实训中心。</p>
                <p>信息工程学院经过五年的发展,在各方面都取得了长足的进步,在校学生数量连续递增。管理机构设置合理,师资力量雄厚,有一支较高水平的专兼职教师队伍,其中专职教职工 51 名,专任教师 48 名;教授 4 名,副教授 3 名,高级工程师 6 名,副高以上职称占专职教师 27%;双师型教师 25 名,占专职教师 52%。 </p>
        </div>
    </body>
    </html>
```

为了设置内容的显示宽度，上面的代码中使用了<div>标记进行布局，将在后续模块中详细介绍。<div>、<h2>、<p>标记均为块状元素，具有换行的作用。用<p>标记来定义段落，浏览器会自动地在段落的前后添加空行。这三个标记都是双标记，注意不要忘记编写结束标记。

（2）新建 CSS 文件，如图 8-9 所示，保存于与 HTML 文档同一目录下，保存文件名称为 news.css。

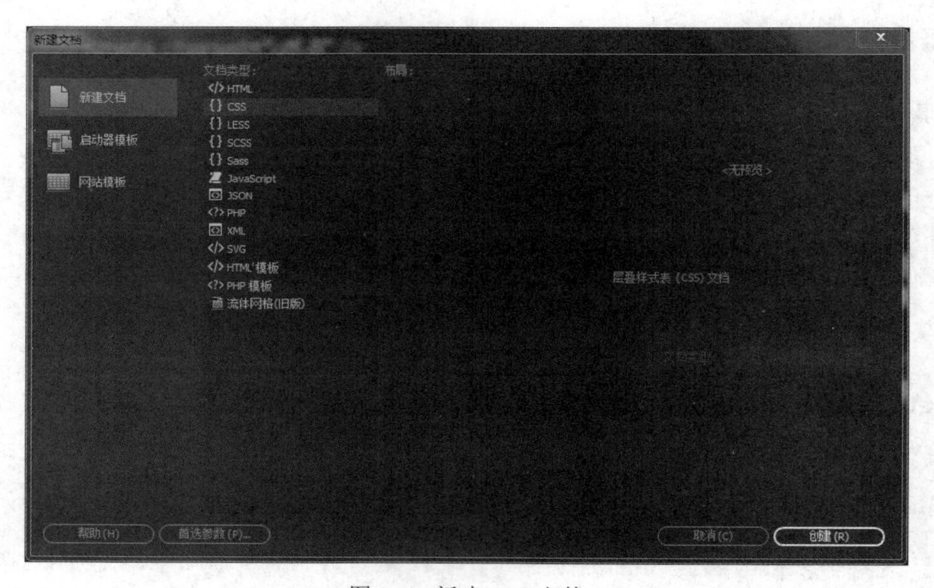

图 8-9　新建 CSS 文件

使用标记选择器，为各个标记添加 CSS 属性，CSS 代码如下：

```
@charset "utf-8";
/* CSS Document */
body{
    font-size: 100%;
    background-color: #eee;
}
div{
    width: 600px;
    font-family: Microsoft Yahei; /*字体为微软雅黑*/
```

```
    }
    h1{
        width:600px;
        font-family: Microsoft Yahei;
        font-size: 38px;
        color: #630;
        text-align: center;
        line-height: 2em;
        word-spacing: 10px;
        border-bottom:#996 dashed 4px;
    }
    p{
        font-size: 1.2em;         /*字体放大 0.2 倍*/
        line-height: 1.8em;       /*行高为原来的 1.8 倍*/
        text-indent: 2em;         /*首行缩进*/
        color: #333;
    }
```

本任务中，标题的内容直接采用上一任务中完成好的效果，将对应 CSS 加入文件中。在文档内容中，<div>标记起布局元素的作用，对整个内容进行宽度的设置，并设置 div 中的内容的字体为"微软雅黑"，此处字体的名称也可用中文。<p>标记中的"font-size:1.2em;"与<body>中的"font-size:100%;"配合使用，使字体大小相对增大了 0.2 倍。color:#333 等颜色属性中的颜色名称使用了缩写的形式，十六进制颜色的传统写法为#abcdef，由 6 个十六进制数字构成，当 a 与 b、c 与 d、e 与 f 相同时，可以使用颜色缩写，将 2 位写成 1 位，使代码更加简洁。以/*开始，至*/结束为一段注释代码，编写一段有意义的注释文本，可培养良好的编码习惯，提高网页源代码的易读性，提高开发效率。

注意：网页设计中合理的内容宽度和行间距可提升文字的阅读体验，如果一行文字过长，视线移动距离长，很难让人注意到段落起点和终点，阅读比较困难；如果一行文字过短，眼睛要不停地来回扫视，破坏阅读节奏。因此，我们可以让内容区的每一行承载合适的字数，提高易读性。传统图书排版每行的最佳字符数是 55～75 个，实际在网页上每行的字符数为 75～85 个更流行。中文字号为 14 号时，建议每行 35～45 个文字为宜。行间距是影响易读性的重要因素，过宽的行间距会让文字失去延续性，影响阅读；而行间距过窄则容易出现跳行，如图 8-10 所示。文字间距一般根据字体大小选择 1.5～1.8 倍为宜。

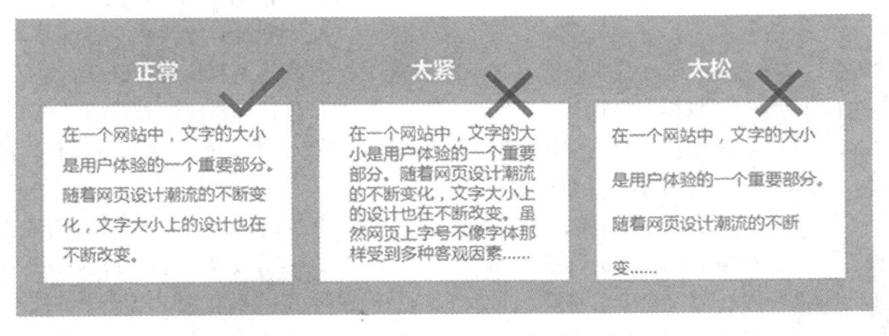

图 8-10　行间距影响文字的阅读

(3) 上面的 CSS 代码是独立的外部文件，并没有作用于 HTML 文档。实现 HTML 与 CSS 的链接的方式有两种，一种是直接在 HTML 文档的<head>标记中写入代码：

```
<link href="news.css" rel="stylesheet"/>
```

即可实现链接。另一种是使用 Dreamweaver 的 CSS 代码设计器，选择“添加新的 CSS 源→使用现有的 CSS 文件”选项，如图 8-11 所示，找到 CSS 文件链接即可，并对应在<head>标记中生成相应代码。

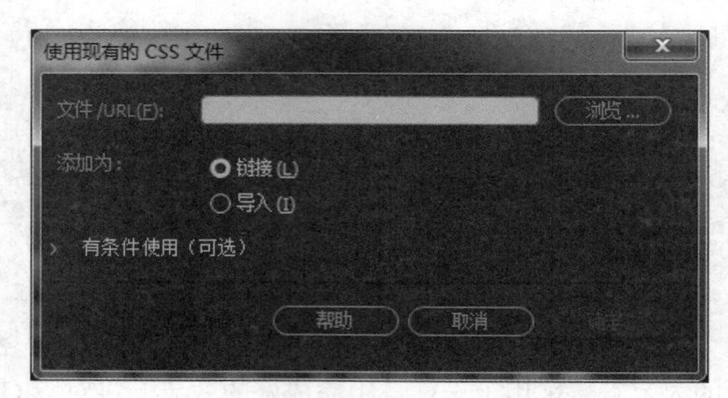

图 8-11　链接外部的 CSS 文件

(4)在浏览器中浏览网页效果，检查每个属性的作用。注意：一定要保证 CSS 文件与 HTML 文档的正确链接，效果如图 8-8 所示。

(5) 按步骤 (1) 创建一个结构相同、内容不同的网页 news2.html，页面的 HTML 代码如下：

```
<!doctype html>
<html>
<head>
    <meta charset="utf-8" />
    <link href="news.css" rel="stylesheet" type="text/css">
</head>
<body>
    <div>
        <h1>计算机应用技术专业简介</h1>
        <p>本专业以服务广东和珠三角地区经济社会发展为宗旨，面向各类企事业单位，培养德、智、体、美全面发展，具有良好的综合素质，系统地掌握计算机专业领域必备的基本理论知识和基本技能，能够完成职业典型工作任务，具备团队合作能力、沟通能力和社会责任感，能够直接进入相应工作岗位，熟练运用一到两种程序设计语言，掌握网络技术和计算机系统维护技术，能从事程序设计、数据库应用、计算机系统维护、网页制作与网站设计、技术支持与 IT 产品销售等工作，具有创新精神、实践精神和良好职业道德的高等应用型技术人才。 </p>
       <p>专业主干课程与实践环节有：编程基础、数据库技术、Java 面向对象程序设计、JSP 网站开发技术、网络技术基础、Linux 操作系统、图像处理、网页设计基础、网页特效制作(Flash 动画)、HTML5 移动 Web 开发、PHP 高级项目开发、基于 PHP 框架项目开发、电子商务技术基础、电子商务网站设计与开发、搜索引擎优化(SEO)技术、企业级 Web 网站综合设计等。 </p>
       <p>毕业生可到各类企事业单位从事系统开发与网页前端设计，IT 运营和服务管理，IT
```

```
企业产品的营销，电子商务网站设计和管理维护等工作，可担任 PHP 开发工程师、JSP 开发工程师、网页 UI 设计师、网站管理员、移动互联网 UI 设计师、电子商务开发与运营工程师、网络广告与网站推广师、网上自主创业等工作。</p>
        </div>
    </body>
    </html>
```

在 HTML 中链接步骤（2）创建的 CSS 外部文件，即可得到与 news1 表现一致的网页效果，如图 8-12 所示，实现了 CSS 样式的重复应用。

计算机应用技术专业简介

本专业以服务广东和珠三角地区经济社会发展为宗旨，面向各类企事业单位，培养德、智、体、美全面发展，具有良好的综合素质，系统地掌握计算机专业领域必备的基本理论知识和基本技能，能够完成职业典型工作任务，具备团队合作能力、沟通能力和社会责任感，能够直接进入相应工作岗位，熟练运用一到两种程序设计语言，掌握网络技术和计算机系统维护技术；能从事程序设计、数据库应用、计算机系统维护、网页制作与网站设计、技术支持与IT产品销售等工作，具有创新精神、实践精神和良好职业道德的的高等应用型技术人才。

专业主干课程与实践环节有：编程基础、数据库技术、Java面向对象程序设计、JSP网站开发技术、网络技术基础、Linux操作系统、图像处理、网页设计基础、网页特效制作(Flash动画)、HTML5移动Web开发、PHP高级项目开发、基于PHP框架项目开发、电子商务技术基础、电子商务网站设计与开发、搜索引擎优化(SEO)技术、企业级Web网站综合设计等。

毕业生可到各类企事业单位从事系统开发与网页前端设计，IT运营和服务管理，IT企业产品的营销，电子商务网站设计和管理维护等工作，可担任PHP开发工程师、JSP开发工程师、网页UI设计师、网站管理员、移动互联网UI设计师、电子商务开发与运营工程师、网络广告与网站推广师、网上自主创业等工作。

实际效果

图 8-12　new2.html 网页浏览效果

任务小结

通过本任务，我们巩固了上一任务中 CSS 的文本属性，学习了 CSS 字体属性 font、font-family、font-size、font-style、font-weight、font-variant 及其应用，以及各自的语法结构。学习了外部样式表的创建，并同时链接到多个 HTML 页面，起到统一控制 CSS 外观的效果，深入了解了中文排版时合适的内容宽度与文字的行间距对文字阅读的重要性。

任务 3　制作新闻列表排行榜

任务描述

以文字内容为主的网站，通常需要向用户呈现大量的信息，整齐排列的各个内容标题是用户获取详细信息的入口。网页中的列表（list）将文字按一定的方式进行排列，从而使内容井然有序。本任务实现新闻列表排行榜页面的设计，学习列表元素及 CSS 样式的使用，效果网页如图 8-13 所示。

学院新闻排行榜

01. 信息工程学院众创工作室教研活动圆满结束
02. 信息工程学院2018—2019学年度中青年教师讲课比赛圆满成功
03. 信息工程学院 教师党支部开展“三型党组织”主题学习教育活动
04. 信息工程学院成功举办2016级实习就业专场招聘会
05. 信息工程学院易唐创新工作室举行开幕仪式
06. 信息工程学院第一次双代会胜利召开
07. 信息工程学院粤嵌众创工作室召开年度总结暨换届颁奖典礼
08. 信息工程学院召开全体辅导员工作会议
09. 信息工程学院开展形式多样的教研活动
10. 信息工程学院召开党总支委员会暨民主生活会

教学研究

- 信息工程学院开展集体备课活动
- 信息工程学院召开校级教研教改课题开题报告会议
- 信息工程学院老师在学校信息化教学大赛决赛中获奖
- 信息工程学院10个校级项目迎接校级质量工程中期检查及验收
- 信息工程学院召开计算机专业课程系列教材编审会议
- 信息工程学院举行教师说课活动
- 信息工程学院组织“说专业”比赛预赛
- 我院代表队在全国软件和信息技术专业人才大赛个人赛省赛中喜获佳绩
- 计算机应用技术和计算机网络技术专业在学校专业剖析竞赛中获得佳绩

实际效果

图 8-13 新闻列表排行榜效果图

知识准备

8.4 列表的应用

1. 列表元素的排版

列表元素是网页中使用频率非常高的语义化元素，在传统的网站设计中，无论是新闻列表，还是商家广告等其他展示内容，均可以使用列表元素来呈现。列表在网站中占有较大的比重，它使信息的显示非常整齐直观，便于用户理解。在 CSS 的列表设计中，列表元素主要有 ul、ol、li、dl、dt、dd 等元素。

（1）无序列表 ul

无序列表 ul（unorder list）是指呈现的内容在表现逻辑上没有先后顺序可言，如果不需要按类似 1,2,3,4…的形式递增，使用 ul 元素是比较合适的。ul 通常与 li 配合使用，每个 li 标记均为一条列表项。无序列表是一个项目的列表，此列表中的项目使用粗体圆点（典型的小黑圆点）进行标记。

（2）有序列表 ol

有序列表 ol（order list）是指列表中的各个元素存在顺序区分，从上到下以有序的编号排列。有序列表始于<ol>标记，每个列表项始于<li>标记，有序列表项默认使用数字来标记。

（3）自定义列表 dl

自定义列表 dl 不仅是一列项目，而且是项目及其注释的组合。自定义列表以<dl>标记开始，每个自定义列表项以<dt>标记开始，每个自定义列表项的定义以<dd>标记开始。<dl><dt></dt><dd></dd></dl>为常用的“标题+列表”型标记。如果没有对<dl><dt><dd>标记初始 CSS 样式，默认 dd 列表内容会进行一定的缩进。<dt>和<dd>放于<dl>内，<dt>与<dd>处于<dl>下相同级，也就是<dt>不能放入<dd>内，<dd>也不能放入<dt>内。在<dl>下，<dd>标记可以有若干个，同时，在没有<dl>标记时，不能单独使用<dt>标记或<dd>标记。

使用列表元素进行内容排版时，列表块作为一个整体，每个列表项相当于一个段落，三种列表标记的排版示例如下：

```
<h3>专业介绍：</h3>
<ul>
  <li>计算机网络技术</li>
  <li>计算机应用技术</li>
  <li>通信技术</li>
  <li>电子信息工程技术</li>
  <li>软件技术</li>
  <li>动漫制作技术</li>
  <li>物联网应用技术</li>
</ul>

<h3>获奖名次:</h3>
<ol>
     <li>一等奖：1 名</li>
     <li>二等奖：2 名</li>
     <li>三等奖：5 名</li>
</ol>

<dl>
     <dt><h3>实习就业信息</h3></dt>
     <dd>广州中科雅图信息技术有限公司招聘简章</dd>
     <dd>广州度涵服装有限公司招聘信息</dd>
     <dd>中移铁通有限公司东莞分公司招聘简章</dd>
</dl>
```

运行效果如图 8-14 所示，三种列表标记都是块状元素，可以产生换行、留白、缩进等默认的外观，使用时需要注意。

专业介绍：

- 计算机网络技术
- 计算机应用技术
- 通信技术
- 电子信息工程技术
- 软件技术
- 动漫制作技术
- 物联网应用技术

获奖名次：

1. 一等奖：1名
2. 二等奖：2名
3. 三等奖：5名

实习就业信息
　　广州中科雅图信息技术有限公司招聘简章
　　广州度涵服装有限公司招聘信息
　　中移铁通有限公司东莞分公司招聘简章

图 8-14　三种列表标记显示效果

2. 列表 CSS 属性

前面介绍了三种列表元素，分别是无序列表 ul、有序列表 ol 和自定义列表 dl，无论是哪种列表元素，都具有相同的 CSS 属性，主要属性如表 8-5 所示。

表 8-5　列表 CSS 属性

属　性	描　述
list-style	简写属性，按 list-style-type、list-style-position, list-style-image 的列表属性顺序设置于一个声明中
list-style-type	设置列表项标志的类型
list-style-position	设置列表项标志的位置
list-style-image	将 URL 形式的图像设置为列表项标志

其中，list-style 属性中的 list-style-type 属性用于设置列表项标记的类型，其属性值及描述如表 8-6 所示。

表 8-6　list-style-type 属性值

属 性 值	描　述
none	无标记
disc	默认，标记是实心圆
circle	标记是空心圆
square	标记是实心方块
decimal	标记是数字
decimal-leading-zero	0 开头的数字标记 (01, 02, 03 等)
lower-roman	小写罗马数字 (i, ii, iii, iv, v 等)
upper-roman	大写罗马数字 (I, II, III, IV, V 等)
lower-alpha	小写英文字母 (a, b, c, d, e 等)
upper-alpha	大写英文字母 (A, B, C, D, E 等)

list-style 中的 list-style-position 属性用于指示如何相对于对象的内容绘制列表项标记，其属性值及描述如表 8-7 所示。

表 8-7　list-style-position 属性值

属　性　值	描　　述
inside	列表项标记放置在文本以内，且环绕文本根据标记对齐
outside	默认，保持标记位于文本的左侧，列表项标记放置在文本以外，且环绕文本不根据标记对齐
inherit	规定从父元素继承 list-style-position 属性的值

任务实现

1. 具体任务

（1）创建一个 HTML5 页面，使用标题标记、列表标记对网站内容进行结构定义；

（2）创建独立的 CSS 文档，编写 CSS 代码，应用 CSS 的列表、文本、字体等样式对各个标记进行外观设计；

（3）使用外部样式表将所写的 CSS 代码应用于“新闻排行榜”网页。

2. 实现步骤

（1）启动 Dreamweaver CC 2017，新建文档，选择 HTML，标题中输入“新闻排行榜”，类型选择“HTML5”，创建一个空白 HTML5 页面，保存为 list.html，将文档内容写入<body>标记中。

（2）选择“学院新闻排行榜”，选择“插入”→“标题”选项，然后选择“标题 1”，即为标题内容设置了一级标题<h1>标记（也可用代码实现）。

（3）选择“学院新闻排行榜”下方的文字内容，选择“插入”→“编号列表”选项，即为列表内容添加有序列表标记<ol>（也可用代码实现）。

（4）分别选择每一条列表文字，选择“插入”→“列表项”选项添加列表标记<li>。

（5）参考步骤（3）、（4）、（5）为“教学研究”添加“标题 3”“项目列表”及“列表项”。

本任务的 HTML 结构如下：

```
<h1>学院新闻排行榜</h1>
<ol>
    <li>信息工程学院众创工作室教研活动圆满结束</li>
    <li>信息工程学院 2018—2019 学年度中青年教师讲课比赛圆满成功</li>
    <li>信息工程学院教师党支部开展“三型党组织”主题学习教育活动</li>
    <li>信息工程学院成功举办 2016 级实习就业专场招聘会 </li>
    <li>信息工程学院易唐创新工作室举行开幕仪式</li>
    <li>信息工程学院第一次双代会胜利召开 </li>
    <li>信息工程学院粤嵌众创工作室召开年度总结暨换届颁奖典礼</li>
    <li>信息工程学院召开全体辅导员工作会议 </li>
    <li>信息工程学院开展形式多样的教研活动 </li>
    <li>信息工程学院召开党总支委员会暨民主生活会</li>
</ol>

<h3>教学研究</h3>
<ul>
    <li>信息工程学院开展集体备课活动</li>
```

```
        <li>信息工程学院召开校级教研教改课题开题报告会议</li>
        <li>信息工程学院老师在学校信息化教学大赛决赛中获奖</li>
        <li>信息工程学院 10 个校级项目迎接校级质量工程中期检查及验收</li>
        <li>信息工程学院召开计算机专业课程系列教材编审会议</li>
        <li>信息工程学院举行教师说课活动</li>
        <li>信息工程学院组织“说专业”比赛预赛</li>
        <li>我院代表队在全国软件和信息技术专业人才大赛个人赛省赛中喜获佳绩</li>
        <li>计算机应用技术和计算机网络技术专业在学校专业剖析竞赛中获得佳绩</li>
    </ul>
```

（6）新建 CSS 样式表文件，保存为 list.css，并使用<link>标记与 HTML 页面关联。应用标记选择器编写 CSS 代码，对所有列表项 li 设置行高为 1.8em，加大行与行之间的距离，使内容显示更加宽松；在每行列表内容的下方加上虚线进行分隔；设置有序列表 ol 的列表样式为“以 0 开头的数字”；设置无序列表 ul 的列表样式为图片。在 Dreamweaver 的代码界面中输入 CSS 代码时，会有代码提示，选择“url”后，单击“浏览”按钮，选择需要的列表图片。注意：在选择图片前，必须将图片放到站点文件夹中，以免图片无法正常显示。其他外观效果，可根据前面学习的知识加入一些 CSS 样式，如文档背景颜色、文本颜色、字体大小等，使页面更加美观。

本任务的 CSS 代码如下：

```
body{
    font-size:100%;
    background-color:#ffc;                    /*给页面设置背景颜色*/
}
li{
    line-height:1.8em;                        /*设置所有列表项的行高*/
    font-size:1.2em;                          /*给所有列表项设置字体大小*/
    border-bottom:#cc3 dashed 1px;            /*列表项的底部设置 1 像素的线条*/
}
h1{
    color:#030;
}
ol{
    list-style-type:decimal-leading-zero;     /*设置以 0 开头的数字标记*/
    list-style-position:inside;               /*列表符号向内缩进*/
    color:#030;
}
h3{
    color:#630;
}
ul{
    list-style-image:url(icon1.gif);          /*将图片作为列表符号*/
    color:#630;
}
```

（7）将网页 list.html 在浏览器中浏览，效果如图 8-13 所示。

任务小结

通过本任务，我们巩固了 CSS 的文本与字体属性，重点学习了 CSS 列表属性 list-style、list-style-type、list-style-image、list-style-position 的应用。对外部样式表的创建、CSS 文件与网页的关联、使用标记选择器编写 CSS 样式代码等方面有了更深的理解，对将列表应用在网站内容设计方面有了初步的认识。

思考与练习

一、填空题

1．CSS 层叠样式表中经常用到的三种选择器：________选择器、________选择器和________选择器。

2．CSS 属性中，text-decoration 属性值为给文本添加修饰，________属性值为给文本定义一条下画线。

3．中文排版中，给文本设置首行缩进 2 个字符的 CSS 代码为：________。

4．要使<dt>和<dd>标记的内容在同一行显示，CSS 代码为：

```
________
<dl>
<dt>用户名：</dt>
<dd><input type="text" name="userName" size="12" /></dd>
</dl>
```

5．设置已访问过的超链接颜色为红色的代码为：

```
a:________{color:red;}
```

二、简答题

1．常用的 CSS 文本属性有哪些？

2．使用 CSS 有什么好处？

三、操作训练题

1．在 HTML 代码中编写一个类名为.char1 的段落<p>标记，并将这个样式定义在新建的 dformat.css 层叠样式表文件中。设置字体属性为微软雅黑，大小为 24px，样式为斜体，颜色为#FF3300，修饰为下画线。在段落中添加一些文字，并在浏览器中游览其效果。

2．利用 CSS 对网页文件 8-2.html 做如下设置：

（1）h1 标题字体颜色为白色，背景颜色为蓝色，居中，四个方向的填充值均为 15px；

（2）使文字环绕在图片周围，图片边框的粗细为 1px，颜色为#9999cc，样式为虚线，与周围元素的边界为 5px；

（3）段落格式：字体大小为 12px，首行缩进 2 字符，行高 1.5 倍行距，填充值为 5px；

（4）消除网页内容与浏览器窗口边界间的空白，并设置背景色为#ccccff;

（5）给两个段落添加不同颜色的右边线，分别为 3px double red 和 3px double orange。最终显示效果如图 8-15 所示。

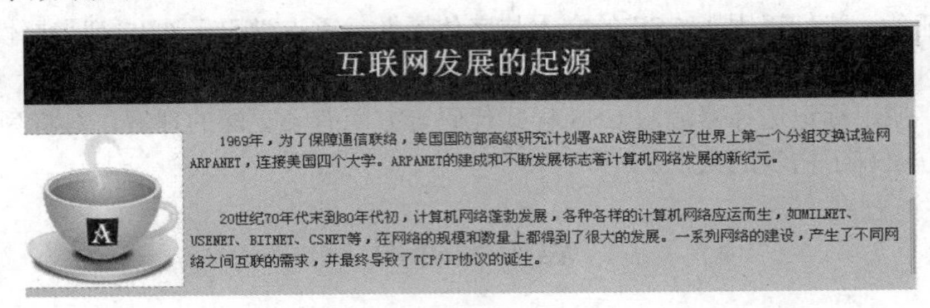

图 8-15　最终显示效果

3．使用相关 HTML 标记和外部 CSS 样式表制作如图 8-16 所示的两个企业的新闻网页，要求两个页面使用同一样式表文件。

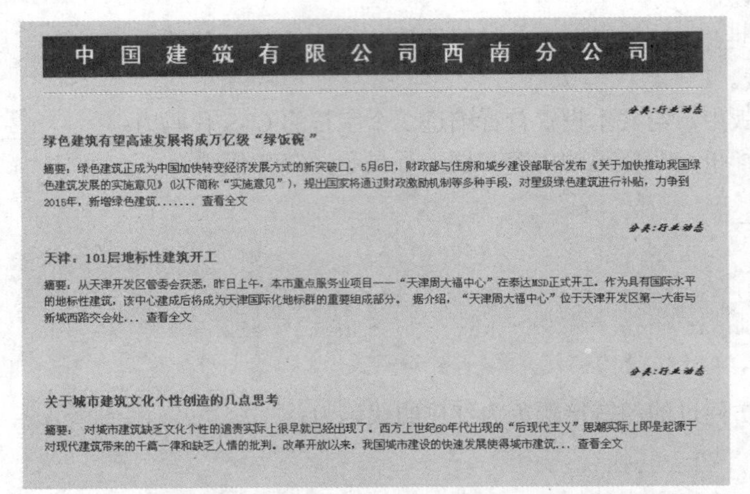

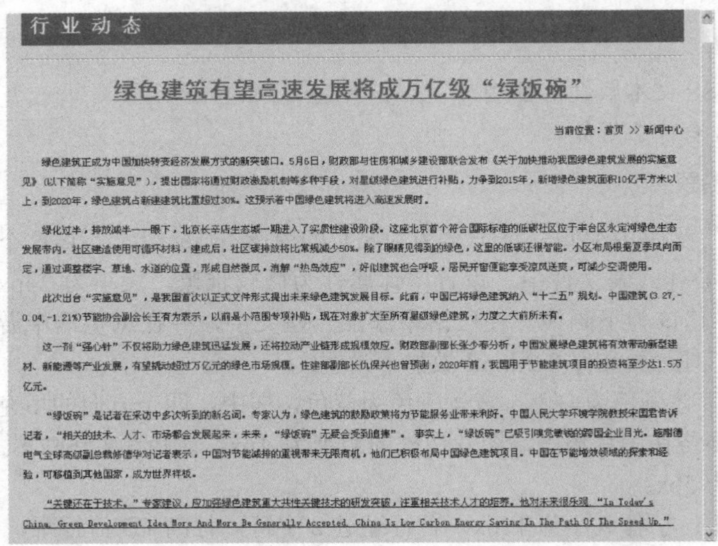

图 8-16　两个企业的新闻网页

4．使用内部样式表的形式，制作新闻列表页，效果如图 8-17 所示。

旅游频道

- 为了孩子开心 不管多挤都要去动物园！
- 拿起护照说走就走 这份免签指南请收好
- 球球伯珊城：以色列最著名的考古遗址(图)
- 海鹏鹏自驾北领地穿越澳大利亚的红土中心
- 鱼儿捷克布拉格最豪华酒店什么样(组图)

财经排行榜

1. 美国三大股指涨跌不一 道指创收盘历史新高
2. 税收新政下的霍尔果斯:空壳公司大逃亡
3. 万如意假如希腊今天退出欧元区
4. 陶冬国内煤炭价格将继续走低
5. 二元思考一吻名成三里河

图 8-17　新闻列表页效果

模块九

使用 DIV+CSS 布局页面

网页布局是 CSS 的核心，Web 标准要求 HTML 具有良好的结构，并且实现页面内容与表现相分离，DIV+CSS 布局已经成为当前网页布局的主流，相比传统的 table 式布局，DIV+CSS 布局通过盒子模型和浮动、定位来控制页面布局，更加灵活和精确。

DIV+CSS 的页面布局方式为网页设计带来了极大的便利。例如，传统 HTML 标记中结构控制标记与表现控制标记混合在一起使用，为页面设计和后续的网页维护带来了不便。DIV+CSS 的布局方式，让设计的网页更加大方美观，使设计人员彻底解放出来。

DIV 英文全称为 Division，中文为“区分”之意，是一个块状元素，相当于一个容器。DIV 标记单独使用时，如果不添加 CSS 样式，那么它与<p>…</p>标记的作用相当。由于它的包容特性，在 DIV 内部，不仅可以嵌套文本、数据和其他 HMTL 标记，也可以嵌入表格等元素。由于 DIV 标记本身属于 HTML 标记的范畴，所以使用方法和其他 HTML 标记相同。本模块主要介绍使用 DIV+CSS 布局页面。

知识目标

- CSS 盒子模型原理
- CSS 边框、内边距、外边距、背景等属性
- DIV+CSS 网页布局
- CSS 图标管理、CSS 代码优化

能力目标

- 理解 CSS 盒子模型的作用
- 理解 CSS 定位的原理
- 掌握 CSS 布局的方法

具体任务

- 任务 1　网页中的图文混排
- 任务 2　网页中的全图排版
- 任务 3　多行多列式布局

任务 1　网页中的图文混排

任务描述

纯文字的网页总是显得过于单调，为吸引用户，网页设计者通常在文字中插入适当的

图片，以更好地展现要表达的意思。在传统的表格式布局中，往往通过先插入一个表格，再在表格中插入图片，并对表格应用 align 属性来控制图片的居中、向左对齐和向右对齐显示。而本任务利用块状元素的盒子模型特性，应用 CSS 块状元素的更多属性，实现图文混排效果。本任务的网页效果如图 9-1 所示。

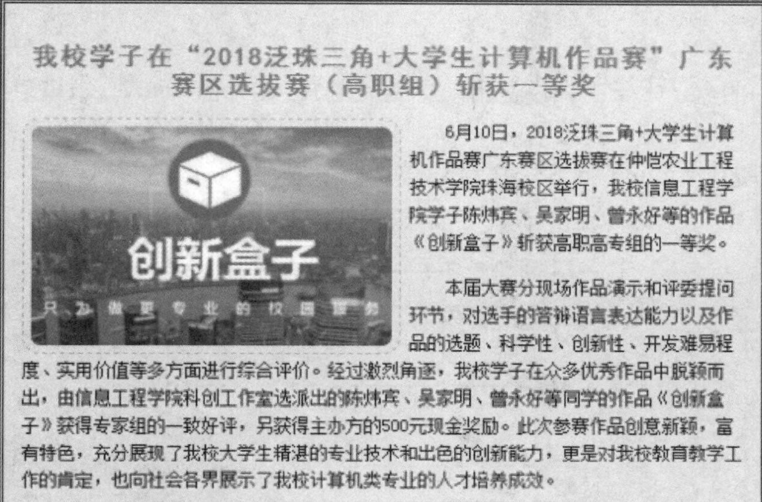

指导老师与学生在颁奖现场合影

据悉，“2018泛珠三角+大学生计算机作品赛”是由全国高等学校计算机教育研究会及泛珠三角大学生计算机作品赛组委会共同举办，分本科组和高职组。竞赛旨在加强各高校计算机教育的交流、促进IT类专业教育质量的提高，为师生提供“展示交流，增进友谊，互相切磋，共用提高”的合作交流平台。（摄影/汤怀）

实际效果

图 9-1　任务 1 效果图

知识准备

9.1　CSS 盒子模型

在网页设计中，为了使页面结构更加清晰，所有的 HTML 元素在浏览器的解析下都可以视为一个“盒子”，无论采用何种布局，它们都是几个方块相互贴近显示而已。盒子模型（Box Model）主要是使用 CSS 进行页面设计与布局的一种思维模型。在使用 CSS 布局的过程中，CSS 盒子模型、定位、浮动三个概念相当重要，它们控制页面上各个元素的显示方式。浏览器通过这些盒子的大小和浮动方式来判断下一个盒子是贴近显示、下一行显示，还是换成其他方式显示。

1. 盒子模型介绍

盒子模型中的盒子本质上来说是用来封装周围 HTML 元素的。盒子模型将页面中每个元素都当成一个矩形框看待，而盒子可以操作这些页面元素中的内容、内边距（padding）、边框（border）、外边距（margin），CSS 盒子模型如图 9-2 所示。

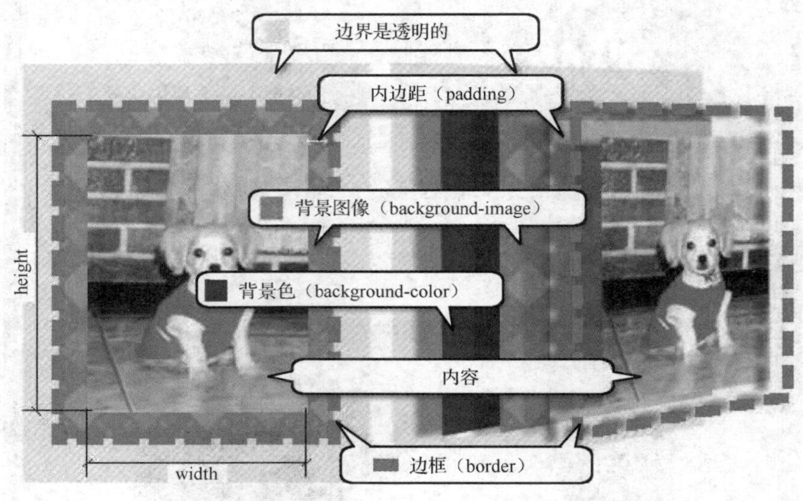

图 9-2　CSS 盒子模型

从图中我们可以看出，整个盒子模型在页面中所占的宽度是由“左外边距+左边框+左内边距+内容+右内边距+右边框+右外边距”组成的。在 CSS 中，width 和 height 是指内容区域的宽度和高度。增加内边距、边框和外边距不会影响内容区域的尺寸，但是会增加元素框的尺寸。例如：

```
<style>
.box-demo{
  width:100px;
  height:100px;
  border:50px solid green;
  padding:30px;
  margin:50px;
  background:yellow;
}
</style>
<div class="box-demo"></div>
```

上述<div>标记中，内容、边框与内外边距大小如图 9-3 所示。

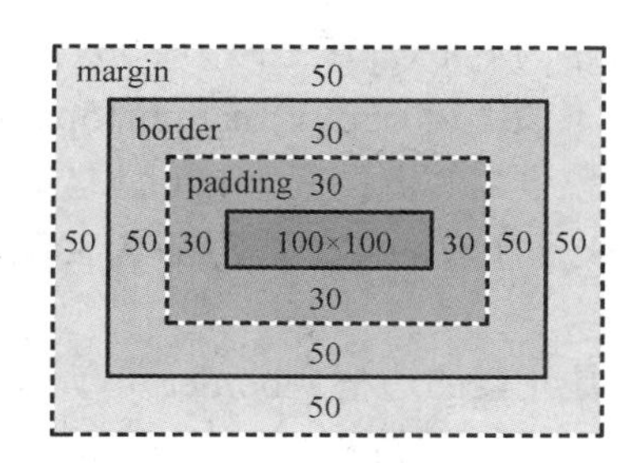

图 9-3　盒子模型的内容、边框和内外边距

之所以采用这种盒子模型，一是为了方便设计者对页面元素进行更加精确的调整，二是为了避免视觉上的混淆，通过设置边框和内外边距来进行视觉隔离。

当内边距、边框、外边距这些属性未选择时，默认值都为 0。但实际浏览时并非如此，因为浏览器载入页面时，会自动启用代理样式表，使之更加符合浏览器的显示效果。开发时，浏览器的默认样式可能会给我们带来浏览器兼容性问题，影响开发效率。现在很流行的解决方式是开始时就将浏览器的默认样式全部覆盖掉，这就是 CSS Reset。例如，以下是一段常用的 CSS Reset 代码：

```
    h1,h2,h3,h4,h5,h6,pre,code,form,fieldset,legend,input,textarea,p,block
quote,th,td{margin:0;padding:0;}
```

2. 外边距、边框与内边距

（1）外边距

外边距也称外补丁，W3C 的官方解释为：围绕元素边框的空白区域就是外边距。设置外边距会在元素外创建额外的“空白”。

设置外边距的最简单的方法就是使用 margin 属性，这个属性接收任何长度单位、百分数值甚至负值。margin 没有背景颜色，是完全透明的，margin 可以单独改变元素的上、下、左、右外边距（顺时针），也可以一次改变所有的属性。外边距设置属性有 margin、margin-top、margin-bottom、margin-right、margin-left，可使用的值如表 9-1 所示。

表 9-1　margin 属性值

属 性 值	描　述
auto	自动设置浏览器外边距，但会依赖于浏览器
length	定义一个固定的 margin（使用 px，pt，em 等单位）
%	定义一个使用百分比的边距

在 CSS 中，margin 属性可以指定不同侧面的不同边距，例如：

```
margin-top:100px;
margin-right:50px;
margin-bottom:100px;
margin-left:50px;
```

margin 属性可以有 1～4 个值，例如，margin:15px 30px 60px 80px; 表示上边距为 15px，

右边距为 30px，下边距为 60px，左边距为 80px。margin:15px 20px 65px;表示上边距为 15px，左、右边距为 20px，下边距为 65px。margin:15px 60px;表示上、下边距为 15px，左、右边距为 60px。通常将左、右边距的值设置为 auto（自动），即可产生一个左、右适应浏览器的居中布局。margin:30px; 表示所有的 4 个边距都是 30px。

（2）边框

元素外边距内就是元素的边框（border）。元素的边框就是围绕元素内容和内边距的一条或多条线。每个边框有 3 个属性：宽度、样式和颜色。常用的边框属性有 7 个：border-top（上边框）、border-right（右边框）、border-bottom（下边框）、border-left（左边框）、border-width（边框宽度）、border- color（边框颜色）、border-style（边框样式）。其中，border-width 可以一次性设置所有的边框宽度，border-color 同时设置 4 面边框的颜色时，可以连续写上 4 种颜色，并用空格分隔。上述连续设置的边框都是按 border-top、border-right、border-bottom、border-left 的顺序（顺时针）进行设置。

① 边框样式

边框样式属性指定要显示什么样的边框，使用 border-style 来定义，border-style 的值如表 9-2 所示。

表 9-2 border-style 属性值

属 性 值	描 述
none	默认无边框
dotted	定义点线边框
dashed	定义虚线边框
solid	定义实线边框
double	定义两个边框，两个边框的宽度和 border-width 的值相同
groove	定义 3D 沟槽边框，效果取决于边框的颜色值
ridge	定义 3D 脊边框，效果取决于边框的颜色值
inset	定义 3D 嵌入边框，效果取决于边框的颜色值
outset	定义 3D 突出边框，效果取决于边框的颜色值

例如，输入以下代码，查看边框效果。

```
<html>
<head>
<meta charset="utf-8">
<title>边框练习</title>
<style>
p.none{border-style:none;}
p.dotted{border-style:dotted;}
p.dashed{border-style:dashed;}
p.solid{border-style:solid;}
p.double{border-style:double;}
p.groove{border-style:groove;}
p.ridge{border-style:ridge;}
p.inset{border-style:inset;}
p.outset{border-style:outset;}
```

```
p.hidden{border-style:hidden;}
</style>
</head>
<body>
<p class="none">无边框。</p>
<p class="dotted">虚线边框。</p>
<p class="dashed">虚线边框。</p>
<p class="solid">实线边框。</p>
<p class="double">双边框。</p>
<p class="groove"> 凹槽边框。</p>
<p class="rid++ge">垄状边框。</p>
<p class="inset">嵌入边框。</p>
<p class="outset">外凸边框。</p>
<p class="hidden">隐藏边框。</p>
</body>
</html>
```

border-style 属性可以有 1～4 个值，例如 border-style:dotted solid double dashed;表示上边框是 dotted，右边框是 solid，下边框是 double，左边框是 dashed。border-style:dotted solid double;表示上边框是 dotted，左、右边框是 solid，下边框是 double，border-style:dotted solid;表示上、下边框是 dotted，左、右边框是 solid。border-style:dotted;表示 4 面边框都是 dotted。

② 边框宽度

通过 border-width 属性可以为边框指定宽度。为边框指定宽度有两种方法：一是指定长度值，比如 3px 或 0.2em（单位为 px、pt、cm、em 等），二是使用三个关键字之一，分别是 thick、medium（默认值）和 thin。注意：CSS 没有定义三个关键字的具体宽度，所以一个用户的 thick、medium 和 thin 可能分别设置为 4px、2px 和 1px，而另一个用户的却可能为 5px、3px 和 1px。例如：

```
span{border-style:solid; border-width:4px;}
span{border-style:solid; border-width:medium;}
```

使用 border-width 属性设置一个元素的 4 个边框的宽度，可以有 1～4 个值。所表示的意义与 border-style 一致，顺序依次为上、右、下、左（顺时针）。

例如，border-width:thin medium thick 10px;表示上边框是细边框，右边框是中等边框，下边框是粗边框，左边框是 10px 宽的边框。

③ 边框颜色

border-color 属性用于设置边框的颜色，可以设置的颜色如下：

- name：指定颜色的名称，如 blue；
- rgb：指定 rgb 值，如 rgb(0,0,255)；
- Hex：指定十六进制值，如#0000ff 。

还可以设置边框的颜色为 transparent，需要注意的是，border-color 单独使用是不起作用的，必须先使用 border-style 来设置边框样式。例如：

```
p.t1{border-style:solid; border-color:red;}
p.t2{border-style:solid; border-color:#98bf21;}
```

使用 border-color 属性设置一个元素的 4 个边框颜色，可以有 1～4 个值。所表示的意义与 border-style 一致，顺序依次为上，右，下，左（顺时针）。

例如，border-color:red green blue pink;表示上边框是红色，右边框是绿色，下边框是蓝色，左边框是粉红色。

边框属性也可以单独进行设置，分别为 4 条复合属性 border-top（上边框）、border-right（有边框）、border-bottom（下边框）、border-left（左边框），语法格式如下：

```
border-top:border-width || border-style || border-color
border-right:border-width || border-style || border-color
border-bottom:border-width || border-style || border-color
border-left:border-width || border-style || border-color
```

具体可参阅各参数对应的属性，这里不再赘述。

（3）内边距

元素的内边距在边框和内容之间，控制该区域的属性是 padding 属性。padding 属性定义元素边框与元素内容之间的空白区域。padding 属性接收长度值或百分比值，但不允许使用负值。例如，设置所有 h1 元素的各边的内边距都为 10px 的代码为：

```
h1{padding:10px;}
```

同样可以按照上、右、下、左的顺序分别设置各边的内边距，各边均可以使用不同的单位或百分比值：

```
h1{padding:10px 0.25em 2ex 20%;}
```

padding 属性与外边距类似，格式也大致相同，可以单独设置 4 个内边距，也可使用 padding 一次性设置，这里不再赘述。

（4）CSS3 实现圆角

在 CSS3 之前，主要是通过图片辅助实现圆角效果的，很不方便，使用 CSS3 的 border-radius 可以方便地实现圆角边框（但要注意部分旧版本的浏览器不支持 CSS3 的属性）。border-radius 和前面介绍的 border 的参数个数和用法基本相同，如果在 border-radius 属性中只指定一个值，那么将生成 4 个圆角。如果要在 4 个角上一一指定，可以使用以下规则：

- 4 个值：第 1 个值为左上角，第 2 个值为右上角，第 3 个值为右下角，第四个值为左下角；
- 3 个值：第 1 个值为左上角，第 2 个值为右上角和左下角，第 3 个值为右下角；
- 2 个值：第 1 个值为左上角与右下角，第 2 个值为右上角与左下角；
- 1 个值：4 个圆角值相同。

例如：

```
    <div style="width:200px;height:200px;border:2px #2DA90F dashed;
border-radius:20px;float:left;margin:10px;">
    </div>
    <div style="width:200px;height:200px;background-color:#2DA90F;border-
radius:0px 100px;float:left;margin:10px;">
    </div>
```

在第 1 个<div>中给 border-radius 设置一个值，并加上了边框，使得 4 个圆角均相同；在第 2 个<div>中设置了两个值，即右上角和左下角的圆角为 100px，并加上了背景颜色，效果如图 9-4 所示。

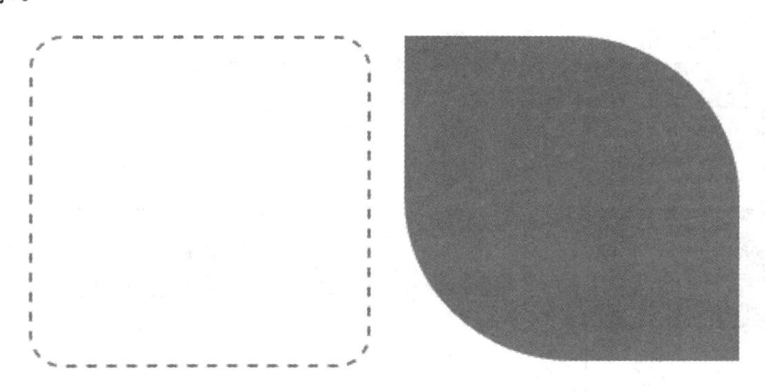

图 9-4　border-radius 示例效果图

3．盒子模型的宽度与高度

布局一个网页时，经常会遇到这样一种情况：最终网页的宽度或高度超出预先的计算，其实这就是 CSS 的盒子模型造成的。在 CSS 中，width 和 height 是指内容区域的宽度和高度。增加内边距、边框和外边距不会影响内容区域的尺寸，但是会增加元素框的尺寸。

外边距属性即 CSS 的 margin 属性，在 CSS 中可拆分为 margin-top（上边距）、margin-bottom（下边距）、margin-left（左边距）和 margin-right（右边距）。CSS 的边框属性（border）和内边距属性（padding）同样可拆分为以上 4 边。在 Web 标准中，CSS 的 width 属性即为盒子所包含内容的宽度，而整个盒子的实际宽度为：

padding–left+border–left+margin–left+width+padding–right+border–right+margin–right

相应地，CSS 的 height 属性即为盒子所包含内容的高度，而整个盒子的实际高度为：

margin–top+border–top+padding–top+height+padding–bottom+border–bottom+margin–bottom

例如：

```
#test{margin:10px;padding:10px;border:10px;width:100px;height:100px;}
```

它的实际宽度为 160px，高度为 160px。

4．外边距的合并

在页面布局时，设计人员经常会遇到外边距的合并问题。所谓外边距合并，是指当页面内两个元素垂直外边距相遇时，两个元素的外边距会进行叠加，合并为一个外边距。合并后的外边距的高度等于两元素中外边距较大者的高度。

外边距的合并有两种不同情况，第一种情况是当两个页面元素垂直相遇时，其中一个元素在另一个元素上方，会出现两者外边距变为其中外边距高度较大者的情况，如图 9-5 所示。

第二种情况是当两个元素没有内边距和边框，且一个元素包含另一个元素时，它们的上边距或下边距也会发生叠加合并，如图 9-6 所示。

外边距合并在实际应用中很有意义。以由几个段落组成的典型文本页面为例，第一个段落上面的空间等于段落的上边距。如果没有外边距合并，后续所有段落之间的外边距都将是相邻上边距和下边距的和。这意味着段落之间的空间是页面顶部的两倍。利用外边距合并，段落之间的上边距和下边距就能够合并在一起，这样各个段落之间的距离就一致了。

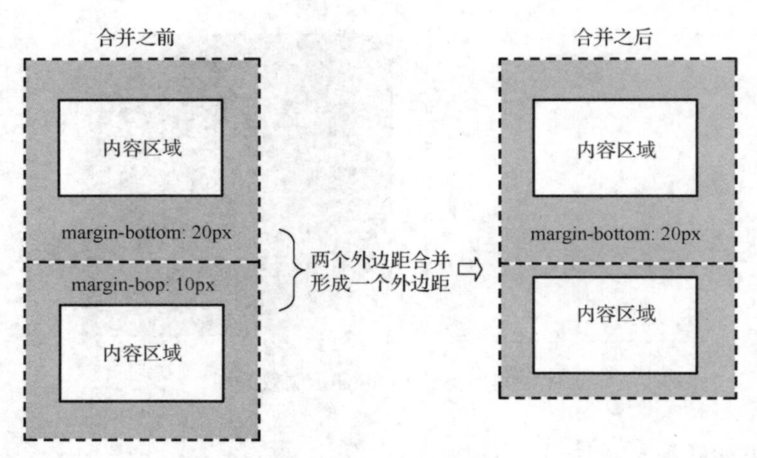

图 9-5 外边距合并（一）

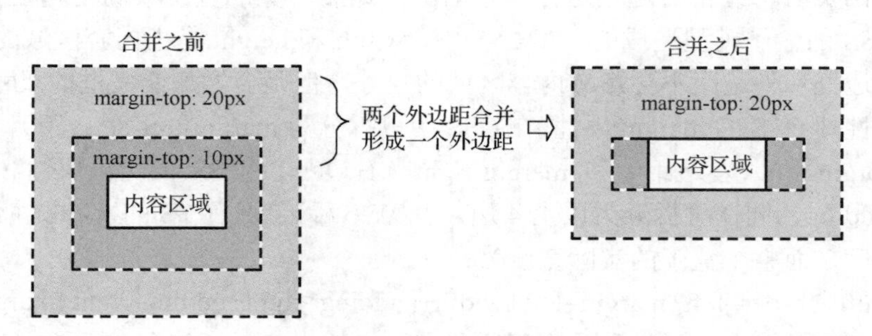

图 9-6 外边距合并（二）

注意：因各浏览器之间存在差异，CSS 布局在浏览时也可能存在差异。

9.2 CSS 浮动与定位

对于一个文档流的 HTML 网页，<body>下的任意块状元素根据其先后顺序组成了一个个上下关系，浏览器根据这些元素的顺序显示它们在网页中的位置。浮动和定位的目的，是打破默认的按照文档流的显示规则，使页面按照设计者想要布局方式进行显示。

1. 浮动 float

块状元素会在所处的包含元素内自上而下按顺序垂直分布，在默认情况下，不管块状元素的宽度有多小，它都会独占一行，而往往我们需要对一些元素进行左右排版，这就需要用到 float 属性。

float 是 CSS 样式中的布局属性，float 属性的 left 值和 right 值分别能够让元素向左和向右浮动。当元素向左浮动之后，对象的右侧将清空出一块区域，以便让剩下的元素贴在右侧。利用这个特性，可以方便地设计出需要的排版布局效果。

元素浮动之后，周围的元素会重新排列，为了避免这种情况，可使用 clear 属性进行控制。

clear 属性指定元素两侧不能出现浮动元素，其主要有三个属性值：both、left、right，分别表示清除元素两边的浮动、清除元素左边的浮动、清除元素右边的浮动。

2. 绝对定位与相关定位

（1）绝对定位

相对于浮动来说，绝对定位是一种很好理解的定位方式，采用 position: absolute;后，对象便开始进行绝对定位，绝对定位主要通过设置对象的 top、right、bottom 和 left 四个方向的边距值来实现。一旦对象被设置为绝对定位，它就完全脱离了文档流与浮动模型，独立于其他对象而存在，因此初学者应谨慎单独使用绝对定位进行网页布局。

（2）相对定位

相对定位是浮动与绝对定位的扩展方式，相对定位能使被设置元素保持与其原始位置相对，并不破坏其原始位置信息。它使用 position:relative;进行设置，通过 left 和 top 来设置偏离原始位置左侧和上侧的距离。

任务实现

1. 具体任务

（1）创建一个 HTML5 页面，使用合适的标记对网站内容进行结构定义；

（2）根据 CSS 盒子模型原理对网页进行布局设置，对图片进行合适的定位，采用类选择器编写出 CSS 代码；

（3）使用内部样式表的形式将所写 CSS 应用于该网页。

2. 实现步骤

（1）在<body>标记中插入<div>标记，为<div>标记定义一个类名为.container 的类，将网页所有的内容放入<div>标记中，对标题使用<h2>标记，对段落使用<p>标记，对加粗的文字使用<strong>标记进行描述。在第一段插入图片 1.jpg，在文档中间位置，单独添加一个段落，在此段落插入图片 2.jpg，HTML 代码如下：

```
    <div class="container">
        <h2>我校学子在“2018 泛珠三角+大学生计算机作品赛”广东赛区选拔赛（高职组）斩获一等奖</h2>
        <p><img src="images/1.jpg" width="400" height="250" alt=""/>6 月 10 日，2018 泛珠三角+大学生计算机作品赛广东赛区选拔赛在仲恺农业工程技术学院珠海校区举行，我校信息工程学院学子陈炜宾、吴家明、曾永好等的作品《创新盒子》斩获高职高专组的一等奖。</p>
        <p>本届大赛分现场作品演示和评委提问环节，对选手的答辩语言表达能力以及作品的选题、科学性、创新性、开发难易程度、实用价值等多方面进行综合评价。经过激烈角逐，我校学子在众多优秀作品中脱颖而出，由信息工程学院科创工作室选派出的陈炜宾、吴家明、曾永好等同学的作品《创新盒子》获得专家组的一致好评，另获得主办方的 500 元现金奖励。此次参赛作品创意新颖，富有特色，充分展现了我校大学生精湛的专业技术和出色的创新能力，更是对我校教育教学工作的肯定，也向社会各界展示了我校计算机类专业的人才培养成效。</p>
        <p class="pic"><img src="images/2.jpg" width="600" height="420" alt=""/><br />指导老师与学生在颁奖现场合影</p>
        <p>据悉，“2018 泛珠三角+大学生计算机作品赛”是由全国高等学校计算机教育研究会及泛珠三角大学生计算机作品赛组委会共同举办，分本科组和高职组。竞赛旨在加强各高校计算机教育的交流、促进 IT 类专业教育质量的提高，为师生提供“展示交流，增进友谊，互相切磋，共用提高”的
```

```
合作交流平台。（摄影/汤怀） </p>
    </div>
```

（2）在本页面中为.container 类和<body>、<h2>、<p>、<img>等标记添加内部样式表，代码如下：

```
<style>
    body{
        background-image:url(images/bg.gif);
        font-size:100%;
    }
    .container{
        width:800px;
        margin:0 auto;            /*设置布局元素 div 在水平方向居中对齐*/
        background-color:#F5E4E4;
        padding:20px;
        font-size:1.2em;
        border:6px #000 double; /*设置边框为双实线*/
    }
    .container h2{
        text-align:center;        /*标题文本居中对齐*/
        color:#f30;
        font-family:"黑体";
    }
    .container p{
        text-indent:2em;
        line-height:1.6em;
    }
    .container img{
        border:2px #F79597 dashed;
        border-radius:20px;
        float:left;
        margin-right:10px;
        padding:8px;
    }
    p.pic{
        text-align:center;
        text-indent:0
    }
    .pic img{
        float:none;
        border-width:0;
    }
</style>
```

上述代码给<div>标记添加了类选择器.container，以便适应更多的网页应用，同时使用了包含选择器。包含选择器是指选择器组中，前一个对象包含了后一个对象，对象之间使用空格隔开，在本例中，<div>里面的元素全部使用了包含选择器，以明确归属。本例除使用之前所学的文本、字体等属性外，主要对.container 类设置了 800px 的宽度，并且设置了外边距，使页面布局水平方向居中，同时增加了 6px 的双线外边框；给第一段中的图片 1.jpg 设置了边框、内外边距、圆角、向左浮动，使元素与文字混合排版在一起，形成了图文混排的效果。最后还删除了中间图片 2.jpg 的边框和浮动效果。

需要注意的是，p.pic 采用的是标记指定式选择器，表示针对 class 为 pic 的<p>标记进行定义，此处代码作用是使 2.jpg 图片居中对齐，并去掉首行缩进，因为前面对<p>标记设置了 2em 的首行缩进。

（3）在保存网页的文件夹中打开 index.html，直接在浏览器中浏览网页效果，效果如图 9-1 所示。

任务小结

在本任务中，我们同样使用了一些基本文本和字体属性，并对前面介绍的知识进行了巩固。本任务重点要求掌握 CSS 盒子模型的原理，理解利用 padding、margin 所产生的内外边距使网页元素留白，使文字和边框、图片和文字之间产生恰当的距离，提升文字的美观效果；而 border 拥有非常丰富的边框样式，是 CSS 应用的优势，在网页效果中应充分应用；对于 CSS3 的属性 border-radius，其能够方便地产生圆角效果，增加网页的美观度。

本任务仅是网页布局的一个简单案例，初学者若无法独立完成，应注意加强练习并举一反三。

任务 2　网页中的全图排版

任务描述

网页中全图排版的布局形式也不少见，全图排版常被用在相册类、产品展示类的网页中，这类页面往往有大量的图片在同一页中展示。使用 CSS 布局进行全图排版的核心在于对浮动定位的控制。对具有相同尺寸的图片进行排版时，比较适合使用 CSS 浮动定位，对尺寸规格不相同的图片进行中排版，也可以采用流式布局，使图片错落排列。如图 9-7 所示，sohu.com 网站的图片新闻采用了相同大小的图片排版，此时只需要设置一张图片的样式，其他图片用相同的元素进行设置并进行浮动即可，外层元素的整体宽度可以轻松地通过盒子模型计算得到。

图 9-7　sohu.com 网站的图片新闻排版

本任务实现校园风景图片排版，最终完成的效果如图 9-8 所示。

实际效果

图 9-8　校园风景图片排版效果图

知识准备

9.3　CSS 背景控制

背景（background）是网页设计中常用的一种技术，CSS 允许应用纯色作为背景，也允许使用背景图片为网页带来丰富的视觉效果。HTML 中的各个元素基本上都支持 background 属性，CSS 主要提供了 6 个属性来控制背景，6 个属性各自的作用如表 9-3 所示。

表 9-3　CSS 背景控制相关属性

属　　性	描　　述
background	简写属性，将背景属性设置在一个声明中
background-attachment	设置背景是否固定或者是否随着页面的其余部分滚动
background-color	设置背景颜色
background-image	把图片设置为背景
background-position	定位背景的起始位置
background-repeat	设置背景是否重复及如何重复

下面对这些属性对应的属性值进行介绍。

1．设置背景颜色

设置背景颜色是指使用 CSS 设置整个页面（通过设置<body>标记）或指定的 HTML 元素（如<div>标记）的背景颜色，属性为 background-color。在前面的任务中用到过此属性，其具体颜色值的设置方法与文本颜色的设置方法一致。background-color 属性为元素设置一种纯色，这种颜色会填充元素的内容、内边距和边框区域，并扩展到元素边框的外边界（但不包括外边距）。如果边框有透明部分（如虚线边框），会透过这些透明部分显示出背景颜色，其属性值如表 9-4 所示。

表 9-4　background-color 属性值

属性值	描述
color_name	规定颜色值为颜色名称的背景颜色（如 red）
hex_number	规定颜色值为十六进制值的背景颜色（如#ff0000）
rgb_number	规定颜色值为 rgb 代码的背景颜色（如 rgb(255,0,0)）
transparent	默认，背景颜色为透明

在大多数情况下，没有必要使用 transparent 来设置背景透明，因为每个元素的默认背景色即为透明色，不过如果遇到某元素的父级元素被设置了背景色，那么这个元素就可以使用这种形式来恢复成透明背景色。

2．设置背景图片及平铺方式

利用 CSS 为元素添加背景图片的语法格式如下：

```
background-image:url
```

添加背景图片后，如果不设置其他属性，默认情况下背景图片会重复铺满页面或块内的区域。使用 background-repeat 属性可以设置背景图片的平铺方式，其属性值如表 9-5 所示。

表 9-5　background-repeat 属性值

属性值	描述
no-repeat	在水平及垂直方向均不平铺
repeat-x	在水平方向平铺
repeat-y	在垂直方向平铺

3．设置背景图片的起始位置

当背景图片不重复铺满其所在元素的区域时，可使用 background-position 属性设置背景图片的位置，其属性值如表 9-6 所示。

表 9-6　background-position 属性值

属性值	描述
top left top center top right center left center center center right bottom left bottom center bottom right	垂直方向：top 上、center 中、bottom 下 水平方向：left 左、center 中、right 右 如果仅规定了一个关键词，那么第二个值将是"center" 默认值：0% 0%

续表

属 性 值	描 述
x% y%	第一个值是水平位置，第二个值是垂直位置 左上角是 0% 0%，右下角是 100% 100% 如果仅规定了一个值，另一个值将是 50%
xpos ypos	第一个值是水平位置，第二个值是垂直位置 左上角是 0 0，单位是像素（0px 0px）或任何其他的 CSS 单位 如果仅规定了一个值，另一个值将是 50% 此属性值可以混合使用%和 position 值

使用方向仅能进行大致定位，使用百分比和像素可进行更加精确的定位。

4. 背景滚动模式

如果页面较长，那么当网页向下滚动时，背景也会随之滚动，当网页滚动到超过背景图片的位置时，图片就会消失。为此，可利用 background-attachment 属性允许或防止这种滚动，其属性值主要有两个，scroll 是默认值，背景图片会随着页面其余部分的滚动而移动；fixed 表示当页面其余部分滚动时，背景图片不会移动。

5. 背景属性简写

同其他 CSS 属性一样，也可以使用 background 属性将关于背景的各种属性值集成在一个语句中，中间用空格隔开，能够避免对背景各种不同属性的单独设置，从而使 CSS 代码更加简洁。其语法格式如下：

```
background:background-color background-image background-repeat background-attachment background-position
```

只要遵循这样的书写顺序，直接将参数写在 background 中即可完成背景设置。相对于完整的背景属性而言，这种方式编写简单，而且如果不设置其中的某个属性值，也不会出现问题。

CSS 单独设置背景的代码如下：

```
background-color:#ff0099;
background-image:url(bg.png);
background-repeat:repeat-x;
background-attachment:fixed;
background-position:20px 40px;
```

以上代码可统一用一个属性 background 简写为：

```
background:#f09 url(bg.png) repeat-x fixed 20px 40px;
```

任务实现

1. 具体任务

（1）创建一个 HTML5 页面，选用合适的标记对图片和文字进行结构定义；

（2）编写内部 CSS 代码，对页面整体进行布局，使整体居中显示，使用 CSS 盒子模型和浮动定位，对每个图片元素进行定位排版并且统一大小，显示成 3 行 3 列的效果；

（3）以类选择器的形式将所写 CSS 应用于网页。

2. 实现步骤

（1）在 Dreamweaver CC 2017 中创建一个空白 HTML5 页面，在标题处输入“校园风光”，保存为 index.html。选择<div>标记对页面进行整理布局，给<div>标记设置一个类 layout，选用无序列表 ul 对图片进行结构定义，每个列表项中包含图片和段落文字，HTML 代码如下：

```
<div class="layout">
    <h2>美丽校园</h2>
    <ul>
        <li><img src="images/hu.png"/><p>湖相依、楼相伴</p></li>
        <li><img src="images/huguang.jpg"/><p>湖光倒影</p></li>
        <li><img src="images/biyezhao.jpg"/><p>毕业照</p></li>
        <li><img src="images/kongzi.png"/><p>孔子像</p></li>
        <li><img src="images/menlou.png"/><p>学校正门门楼</p></li>
        <li><img src="images/qiao.png"/><p>创新桥</p></li>
        <li><img src="images/shiguang.jpg"/><p>快乐时光</p></li>
        <li><img src="images/xiaoyuan.jpg"/><p>美丽校园</p></li>
        <li><img src="images/yundonghui.jpg"/><p>运动会</p></li>
    </ul>
</div>
```

此处应注意 HTML 的层次结构，<div>标记中包含<h2>和<ul>，<ul>标记中包含 9 个<li>标记，所有<li>标记的结构都是相同的，<li>中包含<img>和<p>标记，每个<li>标记中只是内容不同。当有多层 HTML 结构时，一定要注意代码的层次缩进，使其保持良好的风格。

以上代码完成 HTML 结构部分，主要用于处理网页内容，没有任何外观设计，此时浏览网页，每张图片单独一行以列表的原型显示。接下来，需要使用 CSS 将图片统一显示为 270px*160px 的大小，并将 9 张图片布局为 3 行 3 列。

（2）为了更加直观，本任务选用内部样式表的方式编写 CSS 代码，直接在<head>中写入<style>标记，首先编写 CSS Reset，清除一些标记的特性，如<ul>、<li>的边距等，然后编写布局元素 layout 类，主要设置固定宽度和水平方向居中对齐。注意：根据之前介绍的盒子模型原理，此时 layout 的宽度应该等于一个<li>的宽度再乘以 3，即：

layout 的 width=(图片宽度 270px+左右外边距 20px+li 左右边框 2px)*3=876px

（3）设置图片的固定宽度为 270px，高度为 160px。并设置<li>标记向左浮动，让元素共处同一行，每显示 3 个 li 元素后，剩余的自动进入下一行显示。

（4）给<h2>标题内容设置图标，进行视觉美化。因为此时的图片并不是网页的内容，只是显示效果的辅助，因此给<h2>设置背景图像为宜，并且不要平铺，加入背景后让背景显示在文字的左侧，给<h2>标记添加一些填充留白，以便为背景让出摆放的位置。然后对背景图片进行适当的定位，使之显示到合适的位置上。最后给元素添加边框、字体等属性，CSS 代码如下：

```
<style>
    ul,li{
        margin:0;padding:0;list-style:none;
```

```
        }
        .layout{
            width:876px;
            margin:20px auto;
        }
        .layout h2{
            background:url(images/titlebj.jpg) no-repeat left center;
            line-height:2em;
            padding-left:66px;
            font-family:Microsoft Yahei;
            border-bottom:solid #31C4F9 1px;
            letter-spacing:0.8em;
        }
        .layout li{
            float:left;
            border:solid 1px #DEF4FC;
            margin:10px;
            text-align:center;
        }
        .layout li img{
            width:270px;
            height:160px;
        }
```

在全图排版中，每张图片的角色都起到一样的作用，因此只需要设置好一个<li>标记，即可完成所有的图片排版效果，这也是使用 CSS 控制网页外观的好处所在。

（4）在浏览器中浏览网页效果，检查每个属性是否真正起到作用，一些细节的 CSS 属性可适当修改，并浏览修改之后的效果，最终效果如图 9-8 所示。

任务小结

通过本任务，我们巩固了上一任务中的学到的盒子模型原理的应用，如布局元素宽度的计算、固定宽度的居中布局、外边距与边框属性的应用等，重点学习到了 CSS 的背景属性 background、background-color、background-image、background-attachment、background-repeat、background-position 等的语法格式及其应用，从而掌握全图排版的技巧及注意事项。

任务 3　多行多列式布局

任务描述

为了使网页中的各元素美观、大方地呈现出来，通常采用多行或多列的方式给复杂页面进行整体布局，从而使网页内容井然有序。本任务实现网页的多行多列式布局，效果如图 9-9 所示。

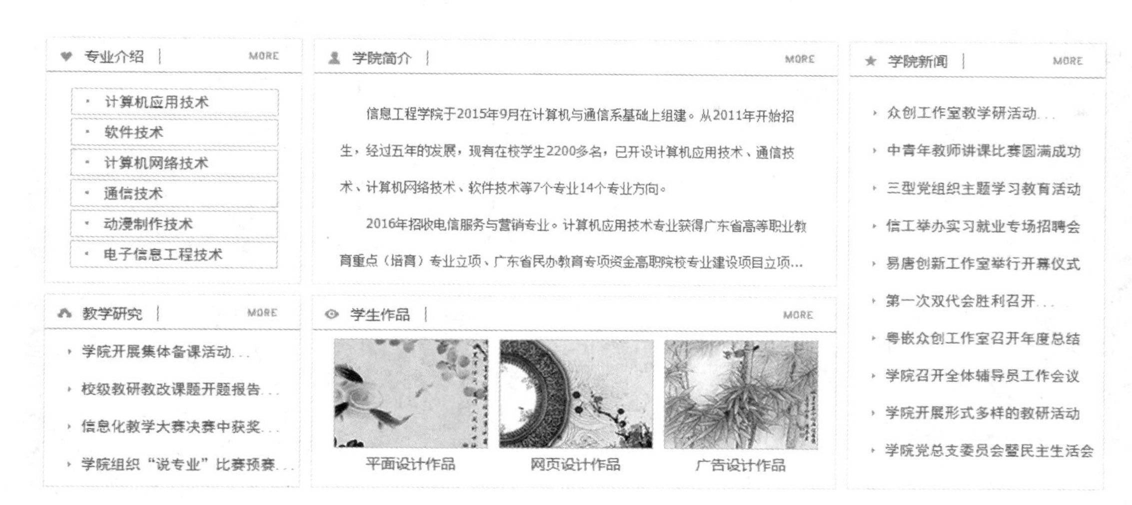

图 9-9　多行多列式布局效果图

实际效果

知识准备

9.4　CSS 代码优化

1. 网页中的小图标管理

网页中的小图标通常是设计师为提升网页美观度而添加的网页元素，能够起到视觉设计上的美化效果，一般设计得小巧而精细。完成此网页效果时，通常使用背景图片进行背景定位。但是，如果一个网站有许多这样的小图标，会为图片管理带来困难，不利于后续的维护工作，因此，网页设计者通常会将这些小图标收集起来，用图像处理工具添加在一张图片上，并设置明确的尺寸，需要用到各个小图标时，再进行精确定位，即可定位到指定的图标。如例如，腾讯 qq.com 的小图标管理图 9-10 所示。

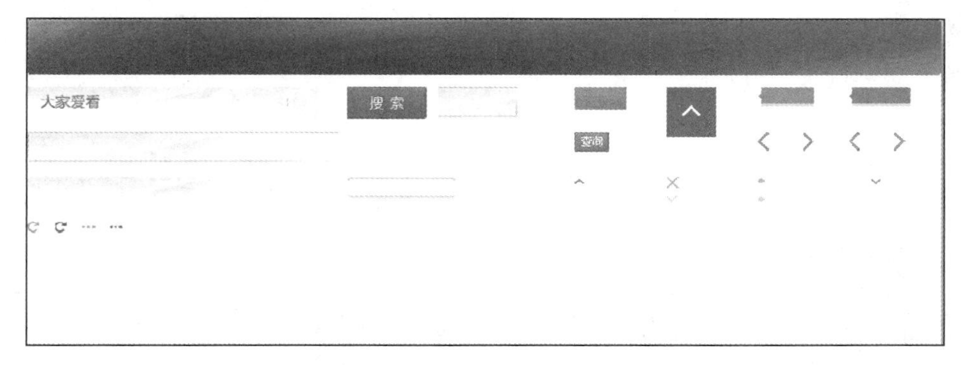

图 9-10　腾讯 qq.com 的小图标管理

2. 增加 CSS 代码重用率

代码重用是 CSS 的优势之一，虽然基本的 CSS 代码已经使网站中大部分样式代码得到了重用，但基于样式设计者本身的原因，在 CSS 的众多样式中，往往存在很多雷同代码，没有得到很好的重用。主要的代码改进方法是使用群组选择器，将大部分的公共代码集合在群组中，同时也可以使用 CSS 覆盖得到代码的重用。例如下面一段 HTML+CSS 代码：

```
<style>
.one{width:300px;height:120px;float:left;border:solid 1px #ff0099;
font-size:14px;padding:10px;background-color:#eeeeee;}
.two{width:200px;height:120px;float:left;border:solid 1px #0099ff;
font-size:14px;padding:10px;background-color:#eeeeee;}
.three{width:400px;height:120px;float:left;border:solid 1px #999999;
font-size:14px;padding:10px;background-color:#eeeeee;}
</style>
<div class="one"></div>
<div class="two"></div>
<div class="three"></div>
```

以上 CSS 代码段大部分是重复的，可以将重复代码抽离出来，放在一个公共的 CSS 类中，改进后的代码如下：

```
<style>
.box{height:120px;float:left;border:solid 1px #f09;font-size:14px;
padding:10px;background-color:#eee;}
.one{width:300px;}
.two{width:200px;border-color:#09f;}
.three{width:400px;border-color:#999;}
</style>
<div class="box one"></div>
<div class="box two"></div>
<div class="box three"></div>
```

将公共代码放在 box 类中，在 class 中设置两个类，用空格隔开，后面的类中如果有相同的属性就会覆盖前面 box 类的属性，从而实现特殊化。

当然，CSS 代码的编写有许多可以进行优化和改进的地方，代码优化方面需要不断地在实践中总结经验。

3. 容器高度不扩展问题

在制作 CSS 网页的过程中，在默认情况下，容器的高度会随着容器的内容自动扩展，但在 CSS 布局中常常会碰到容器不扩展的问题。例如，在完成一个两列式布局时，使用 div 嵌套，给外层布局容器设置边框，代码如下：

```
<style>
    .divGroup{border:2px solid #333;}
    .a,.b{border:2px solid #333;float:left;margin:5px;}
</style>
<div class= "divGroup">
    <div class= "a">子容器 a</div>
    <div class= "b">子容器 b</div>
</div>
```

预览效果如图 9-11 所示。可以看到，当子容器开始浮动时，父容器 divGroup 的高度并没有随着子容器的高度自动扩展，却形成了一条直线。这是因为子容器成为浮动元素后，浮动元素脱离了文档流，使这些内容不再占据父容器的空间，因此父容器认为自己的内容是空的，造成这样的结果。

解决此问题的办法是在子容器的最末尾处添加一个清除浮动的 div 容器：

```
<div class="clear"></div>
```

CSS 代码如下：

```
.clear{clear:both;}
```

图 9-11　容器高度不扩展

任务实现

1．具体任务

（1）创建一个 HTML5 页面，确定好布局元素及整体布局结构；

（2）创建独立的 CSS 文档，先对整体布局进行定位，然后写出各个元素的固定宽度、边框、外边距及浮动，让整个页面呈现出布局效果；

（3）向各个小的模块中加入具体内容，进行细节处理。

2．实现步骤

（1）在 Dreamweaver CC 2017 中创建一个空白的 HTML 页面，保存为 index.html，添加一个固定宽度、页面居中的主容器<div>标记，作为全页面的框架，其 class 为 content。

（2）观察任务效果图，先确定最外层的主容器的固定宽度，再确定容器中整体的布局结构。本任务可采用两种不同的方式布局，第一种是三列式、固定宽度的布局，再在每一列中分成多行；第二种是右侧固定，左侧 4 个方块宽度固定并自由浮动的布局，如图 9-12 所示。

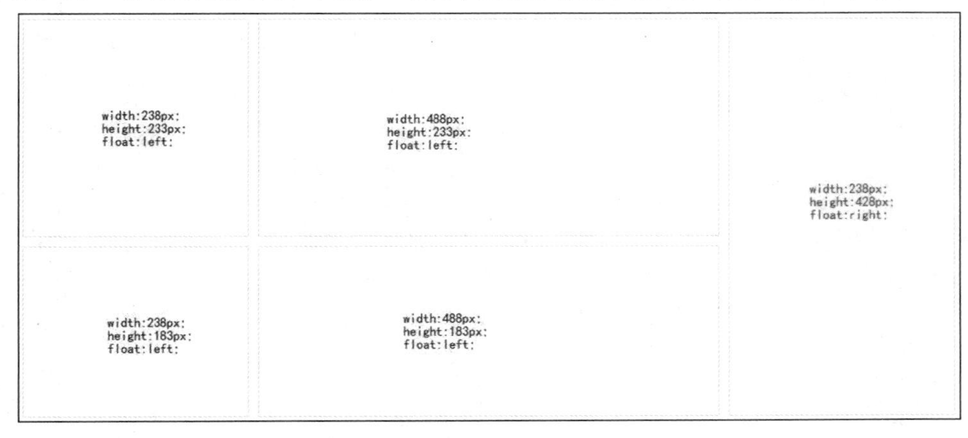

图 9-12　右侧固定、左侧浮动的布局示意图

（3）在 content 所在的<div>中，添加 5 个<div>标记，分别设置类名称为 service、about、info、resource、news，为了优化代码，将 5 个方块的公共代码抽离出来，放入 box 类中，主要包括边框、浮动等属性，完成<div>布局元素的 HTML 代码如下：

```
<div class="content">
    <div class="service box">
    </div>
    <div class="about box">
    </div>
    <div class="news box">
    </div>
    <div class="info box">
    </div>
    <div class="resource box">
    </div>
</div>
```

（4）创建 CSS 样式表，为类选择器设置相关布局属性进行定位，CSS 样式代码如下：

```
.content{width:990px;margin:0 auto;padding:10px 0 25px 0;background:#fff;}
.box{float:left;border:solid 1px #e9e9e9;}
.service{width:238px;height:233px;}
.about{width:488px;height:233px;margin:0 10px;}
.news{width:238px;height:428px;float:right;}
.info{width:238px;height:183px;margin:10px 0 10px 0;}
.resource{width:488px;height:183px;margin:10px;}
```

理解此代码首先要理解好布局的原理，首行形成的是三列式布局：box、service、news，因为 news 元素向右浮动，而左侧的 box 和 service 的下方留出了空间，info、resource 元素向左浮动时，将定位在 box 和 service 的下方。

（5）接下来，完成每个 box 公共部分的效果，主要体现在标题栏上，此处采用图标管理，将图标放在一张图片上，设置相同的背景图片，CSS 代码如下：

```
    /*每个 box 公共部分的 CSS*/
    .box{float:left;border:solid 1px #e9e9e9;}
    .box .top{height:32px;position:relative;border-bottom:solid 1px
#9ab1b8;}
    .box .top h2{width:70px;height:15px;margin:10px 0 0 0;padding:0  0 0
35px;border-right:solid 1px #7c8d90;background:url("../img/icon.gif")
no-repeat;overflow:hidden;float:left;font:normal 14px "微软雅黑";color:
#37585e;line-height:15px;}
    .box .top a{width:30px;height:15px;background:url("../img/icon.gif")
no-repeat 0 -105px;overflow:hidden;display:block;position:absolute;top:
8px;right:20px;text-indent:-999em;}
    .box .top a:hover{background:url("../img/icon.gif") no-repeat 0 -120px;}
```

（6）在每个不同的模块中使用<h2>、<a>、<ul>、<li>等标记做好元素的结构，最终完成的HTML 代码如下：

```
    <div class="content">
        <div class="service box">
            <div class="top">
                <h2>专业介绍</h2>
                <a href="#">more</a>
            </div>
            <ul>
                <li><a href="#">计算机应用技术</a></li>
                <li><a href="#">软件技术</a></li>
                <li><a href="#">计算机网络技术</a></li>
                <li><a href="#">通信技术</a></li>
                <li><a href="#">动漫制作技术</a></li>
                <li><a href="#">电子信息工程技术</a></li>
            </ul>
        </div>
        <div class="about box">
            <div class="top">
                <h2>学院简介</h2>
                <a href="#">more</a>
            </div>
            <p>信息工程学院于 2015 年 9 月在计算机与通信系基础上组建。从 2011 年开始招生，
经过五年的发展，现有在校学生 2200 多名，已开设计算机应用技术、通信技术、计算机网络技术、软
件技术等 7 个专业 14 个专业方向。</p>
            <p>2016 年招收电信服务与营销专业。计算机应用技术专业获得广东省高等职业教育
重点（培育）专业立项、广东省民办教育专项资金高职院校专业建设项目立项...</p>
        </div>
        <div class="news box">
            <div class="top">
                <h2>学院新闻</h2>
                <a href="#">more</a>
            </div>
            <ul>
                <li><a href="#">众创工作室教学研活动...</a></li>
                <li><a href="#">中青年教师讲课比赛圆满成功</a></li>
                <li><a href="#">三型党组织主题学习教育活动</a></li>
                <li><a href="#">信工举办实习就业专场招聘会</a></li>
                <li><a href="#">易唐创新工作室举行开幕仪式</a></li>
                <li><a href="#">第一次双代会胜利召开...</a></li>
                <li><a href="#">粤嵌众创工作室召开年度总结</a></li>
                <li><a href="#">学院召开全体辅导员工作会议</a></li>
                <li><a href="#">学院开展形式多样的教研活动</a></li>
                <li><a href="#">学院党总支委员会暨民主生活会</a></li>
            </ul>
        </div>
```

```
        <div class="info box">
            <div class="top">
                <h2>教学研究</h2>
                <a href="#">more</a>
            </div>
            <ul>
                <li><a href="#">学院开展集体备课活动...</a></li>
                <li><a href="#">校级教研教改课题开题报告...</a></li>
                <li><a href="#">信息化教学大赛决赛中获奖...</a></li>
                <li><a href="#">学院组织“说专业”比赛预赛...</a></li>
            </ul>
        </div>
        <div class="resource box">
            <div class="top">
                <h2>学生作品</h2>
                <a href="#">more</a>
            </div>
            <ul>
                <li><a href="#"><img src="images/index_img1.jpg" alt="趋势及
广电网优势"/><p>平面设计作品</p></a></li>
                <li><a href="#"><img src="images/index_img2.jpg" alt="趋势及
广电网优势"/><p>网页设计作品</p></a></li>
                <li><a href="#"><img src="images/index_img3.jpg" alt="趋势及
广电网优势"/><p>广告设计作品</p></a></li>
            </ul>
        </div>
        <div class="clear"></div>
    </div>
```

（7）在每个不同的模块中，利用各自的类来定位不同的背景位置，设置好图标的精确位置，再对各个部分的内容进行细节设计，具体 CSS 代码如下：

```
    /* 设置默认字体 */
    body{/* for ie */
        /*font:12px/1 Tahoma, Helvetica, Arial, "宋体", sans-serif;*/
        font:12px/1 Tahoma, Helvetica, Arial, "\5b8b\4f53", sans-serif;/* 用
ascii 字符表示，使其在任何编码下都无问题 */
        color:#666;
        background:#f7fcfe;/* 背景颜色 */}

    /* 重置列表元素 */
    ul,ol,h2{list-style:none;margin:0;padding:0}

    /* 重置文本格式元素 */
    a{text-decoration:none;color:#666;}
    a:hover{color:#64b590;}
```

```
/*总体内容区域的布局*/
.content{width:990px;margin:0 auto;padding:10px 0 25px 0;background:#fff;}

/*每个盒子公共部分的CSS*/
.box{float:left;border:solid 1px #e9e9e9;}
.box .top{height:32px;position:relative;border-bottom:solid 1px
#9ab1b8;}
.box .top h2{width:70px;height:15px;margin:10px 0 0 0;padding:0
0 0 35px;border-right:solid 1px #7c8d90;background:url("../img/icon.gif")
no-repeat;overflow:hidden;float:left;font:normal 14px "微软雅黑";color:
#37585e;line-height:15px;}
.box .top a{width:30px;height:15px;background:url("../img/icon.gif")
no-repeat 0 -105px;overflow:hidden;display:block;position:absolute;top:
8px;right:20px;text-indent:-999em;}
.box .top a:hover{background:url("../img/icon.gif") no-repeat 0 -120px;}

/*首页布局*/
.service{width:238px;height:233px;}
.about{width:488px;height:233px;margin:0 10px;}
.news{width:238px;height:428px;float:right;}
.info{width:238px;height:183px;margin:10px 0 10px 0;}
.resource{width:488px;height:183px;margin:10px;}

.service .top h2{background-position:4px 0;}
.about .top h2{background-position:4px -15px;}
.news .top h2{background-position:4px -30px;}
.info .top h2{background-position:4px -45px;}
.resource .top h2{background-position:4px -60px;}
/*专业介绍*/
.service ul{margin:15px 0 0 23px;}
.service ul li{margin:0 0 3px 0;}
.service ul li a{width:162px;padding:4px 0 4px 30px;_padding:5px
0 2px 30px;border:solid 1px #ccc;background:url("../img/icon_list1.gif")
no-repeat 13px 10px;display:block;font:normal 14px "黑体";}
/*学院简介*/
.about .top{margin:0 0 20px 0;}
.about p{margin:0 25px;line-height:35px;text-indent:2em;}
/*学院新闻*/
.news ul{margin:16px 0 0 22px;}
.info ul{margin:3px 0 0 22px;}
.news ul li, .info ul li{padding:10px 0 10px 12px;background:
url("../img/icon_list2.gif") no-repeat left center;}
.news ul li a, .info ul li a{font:normal 14px "黑体";}
/*学生作品*/
.resource ul{margin:8px 0 0 20px;}
.resource ul li{width:144px;margin:0 10px 0 0;float:left;display:
```

```
inline;}
    .resource ul li img{width:142px;height:103px;border:solid 1px #ccc;}
    .resource ul li p{margin:3px 0 0 0;font:normal 14px "微软雅黑";text-align:
center;}
    .clear{clear:both}
```

（8）在浏览器中浏览效果，会发现内容区域背景颜色并不是白色，此问题是由于外层容器 content 的高度未能实现自动扩展造成的，在 HTML 结构中添加一个清除浮动即可解决。最终浏览效果如图 9-9 所示。

任务小结

本任务主要进行相对复杂的网页布局，多行多列式的布局是本模块的难点。在实现此效果前，需要认真分析页面结构，先确定好布局方式，遵循先整体再局部的实现思路，先完成大体上的结构，再细化网页内容。通过本任务，我们实现了一个 2 行 3 列式的布局，采用了浮动定位进行各模块位置的摆放。在知识方面，我们重点了解了如何提高代码重用、应用 CSS 实现多图标统一的方法，以及容器高度不扩展等代码优化问题。总之，网页布局是初学网页设计时的难点，需要不断加强练习，在实践中不断总结经验，收集一些经典的布局效果，体会 DIV+CSS 布局的魅力。

思考与练习

一、填空题

1．color:#336699;可缩写为：________。

2．改变元素的外边距用________属性，改变元素的内边距用________属性。

3．一个 border 为 1px 的 div 元素，总宽度为 218px（包括 border），加上属性 padding:0 10px 0 16px;，那么此 div 的 width 应设置为________。

4．给网页背景图片进行定位的属性为：________。

5．使用 margin 的 4 个属性值对以下 box 类最终的效果进行简写：

```
    .box{margin:10px 5px;margin-right:10px;margin-top:5px;}
```

简写代码为：________。

6．以下 border 属性代码可简写为：________。

```
    border-width:1px;border-color:#000;border-style:solid;
```

二、简答题

1．简单介绍 CSS 的盒子模型。

2．什么是 CSS 浮动定位？

三、操作训练题

1．使用 DIV+CSS 完成下面的网页结构布局，效果如图 9-13 所示。

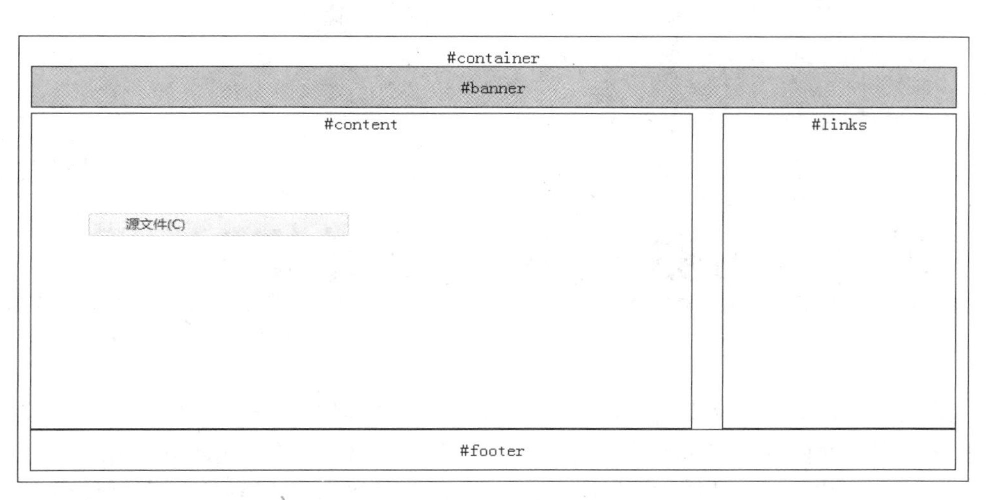

图 9-13　效果图

【操作提示】

（1）body 全部对象的对齐方式为居中。

（2）盒子 container 的属性：width 为 800px；边框为 1px 实线，颜色为#000；内边距为 10px。

（3）盒子 banner 的属性：text-align 为居中；下边界为 5px；边框为 1px 实线，颜色为#000；内边距为 10px；background-color 为#ffcc33。

（4）盒子 content 的属性：text-align 为居中；width 为 570px；height 为 300px；边框为 1px 实线，颜色为#000；内边距为 10px。

（5）盒子 link 的属性：text-align 为居中；边框为 1px 实线，颜色为#000。

（6）盒子 footer 的属性：text-align 为居中；边框为 1px 实线，颜色为#000；内边距为 10px。

2．使用 DIV+CSS 完成全图网页布局，效果如图 9-14 所示。

图 9-14　效果图

3．找一个布局相对复杂的网页，使用 DIV+CSS 模仿实现其网页布局。

模块十

使用 CSS3 美化网站元素

在网页设计中，为加强网页的规范性和可用性，除关注网页布局外，还要注重网页细节层面各个元素的设计，对网站的各个区域进行人为的定义和分类。目前，网站中常用的页面元素有：网站导航、下拉列表、内容列表、搜索框、表单、内容表格等多种功能模块。早期使用 HTML 的 table 布局来设计这些元素，无非都是通过表格的单元格多层划分的布局思维实现想要的效果，而采用 CSS 布局后，这些页面元素具有了更加丰富的可定义效果。在视觉方面，网页中会经常采用圆角、渐变、阴影等效果，这往往需要图片来辅助。CSS3 的出现，解决了这些需要图片来辅助设计的问题，利用 CSS3 代码即可实现这些图片效果。

本模块就美化网站元素问题，通过最简单、有效的途径，应用上一模块所学的盒子模型、浮动原理及 CSS3 新特性，实现页面中各种元素及其布局的效果。

知识目标

- CSS3 背景渐变与阴影
- CSS 超链接样式
- HTML 表格样式
- CSS 属性选择器

能力目标

- 掌握使用 CSS3 对网页进行美化
- 掌握使用 HTML 标记及 CSS 属性实现网站导航、表格、表单等网页元素
- 掌握使用 CSS 伪类选择器、属性选择器为网页添加交互效果

具体任务

- 任务 1　使用 CSS3 设计网站导航
- 任务 2　使用 CSS3 美化表格
- 任务 3　使用 CSS3 美化表单

任务 1　使用 CSS3 设计网站导航

任务描述

网站导航是网站中最重要的元素之一，也是网站提供给用户的简便、快捷的访问入口，

能帮助用户快速找到网页中的内容。从形式上看，网站导航主要分横向导航、纵向导航、下拉及多级菜单导航等形式。

本任务实现用 CSS3 设计网站导航，效果如图 10-1 所示。

实际效果

首页　学院概况　管理机构　教学部门　招生就业　创新创业　教辅部门

图 10-1　CSS3 网站导航效果图

知识准备

10.1　CSS3 背景渐变及阴影

1. CSS3 背景渐变

CSS3 背景渐变（gradients）可以实现在两个或多个指定的颜色之间显示平稳的过渡，以前我们必须使用图片来实现这些效果，但是现在通过 CSS3 渐变，可以减少下载时间。此外，使用渐变效果元素比使用图片在放大时看起来效果更好，因为渐变效果元素是由浏览器生成的。CSS3 定义了两种类型的渐变：

（1）线性渐变（Linear Gradients）：向下/向上/向左/向右/对角方向（默认情况下为向下）。

（2）径向渐变（Radial Gradients）：由它们的中心定义。

要创建一个线性渐变，必须至少定义两种颜色节点。颜色节点就是我们想要呈现平稳过渡的颜色，其语法格式如下：

```
background:linear-gradient(direction, color-stop1, color-stop2, ...);
```

CSS3 的一些效果目前只有部分较新版的浏览器才支持，并且在编写 linear-gradient 属性时，针对不同内核浏览器的兼容问题，需要加上浏览器前缀。常用的浏览器内核前缀如表 10-1 所示。

表 10-1　常用的浏览器内核前缀

浏览器内核	前　缀
chrome/safari	-webkit-
firefox	-moz-
opera	-o
IE	-ms-

【例 10-1】 实现从红色到蓝色的线性渐变。

```
.grad{
 background:-webkit-linear-gradient(red, blue);/* Safari 5.1-6.0 */
 background:-o-linear-gradient(red, blue);/* Opera 11.1-12.0 */
 background:-moz-linear-gradient(red, blue);/* Firefox 3.6-15 */
 background:linear-gradient(red, blue);/* 标准的语法 */
}
```

线性渐变可以设置渐变的方向，并且可以添加多种颜色。

2. CSS3 阴影

阴影在 CSS3 中可以应用在盒子元素的边框和文字上，就像图片的阴影效果一样。

阴影一般可以分为盒子阴影（box-shadow）和文字阴影（text-shadow）两类。CSS3 的盒子阴影的语法格式如下：

```
box-shadow:Apx Bpx Cpx #xxx;
```

其中，Apx 为水平阴影的距离，Bpx 为垂直阴影的距离，Cpx 为模糊的距离，#xxx 表示阴影的颜色。例如：

```
box-shadow:5px 10px 10px #999;
```

可使盒子元素产生阴影效果。

10.2 CSS 超链接样式

HTML 文档最大的特点是通过超链接打破了传统的从上至下的阅读顺序。整个网站可以由超链接串联而成，无论从首页到每个栏目，还是进入其他网站都由许多超链接来实现页面跳转。CSS 对超链接样式的控制主要通过伪类来实现，超链接的特殊性在于，我们能够根据它们所处的状态来设置它们的样式，超链接的 4 种状态如下：

（1）a:link：普通的、未被访问的超链接；

（2）a:visited：用户已访问过的超链接；

（3）a:hover：鼠标指针位于超链接的上方；

（4）a:active：超链接被单击的时刻。

超链接的 4 种状态控制，为超链接样式设计提供了良好的接口，特别是通过鼠标指针经过时的单链接样式设计，可以实现丰富的交互效果，接下来，在导航的设计中即可体会到其中的好处。

任务实现

1. 具体任务

（1）完成一个横向导航的布局与设计；

（2）应用 CSS3 的背景渐变、阴影、圆角等新特性美化导航。

2. 实现步骤

（1）在 Dreamweaver CC 2017 中创建一个空白的 HTML5 页面，保存为 index.html，为使 HTML 简洁，直接使用<a>标记进行块状化，对每个导航项进行浮动布局，并使用一个<div>容器作为总容器居中显示。HTML 代码如下：

```
<div class="nav">
        <a href="#">首页</a>
        <a href="#">学院概况</a>
        <a href="#">管理机构</a>
        <a href="#">教学部门</a>
        <a href="#">招生就业</a>
        <a href="#">创新创业</a>
```

```
        <a href="#">教辅部门</a>
    </div>
```

（2）接下来设计 CSS 样式。首先将 div 容器固定，居中显示，再完成导航的布局，因为<a>标记是行间元素，一般无法实现布局效果，所以需要对<a>标记进行 display:block 块状化，这样<a>标记就具有了盒子模型的特性，并可以进行浮动定位。

（3）给超链接添加文本、字体属性。为有更好的显示效果，为整个导航条添加背景渐变、阴影、圆角效果。添加渐变时，考虑到不同浏览器内核的问题，需要针对不同内核的前缀对应添加样式，CSS 代码如下：

```
    <style>
        .nav{
            width:960px;
            height:38px;
            margin:20px auto;
            color:#fff;
            font-size:16px;
            font-family:Microsoft Yahei;
            border-radius:6px;/*边框圆角*//
            box-shadow:5px 3px 10px #bfd255;/*边框阴影*/
            background:#bfd255;/*如果渐变背景无法显示时，就会显示背景颜色/
            /*以下是针对不同浏览器内核前缀的背景渐变*/
            background:-moz-linear-gradient(top, #bfd255 0%,#8eb92a 50%,
#72aa00 51%,#70891f 100%);
            background:-webkit-gradient(linear,left top,left bottom, color-stop
(0%, #bfd255),color-stop(50%,#8eb92a),color-stop(51%,#72aa00),color-  stop(100%,
#70891f));
            background:-webkit-linear-gradient(top, #bfd255 0%,#8eb92a 50%,
#72aa00 51%, #70891f 100%);
            background:-o-linear-gradient(top,#bfd255 0%,#8eb92a 50%,#72aa00
51%, #70891f 100%);
            background:-ms-linear-gradient(top, #bfd255 0%,#8eb92a 50%,
#72aa00 51%, #70891f 100%);
            background:linear-gradient(to bottom, #bfd255 0%,#8eb92a 50%,
#72aa00 51%,#70891f 100%);
        }
        .nav  a{
            display:block;
            width:120px;
            height:38px;
            line-height:38px;
            text-align:center;
            float:left;
            color:#fff;
```

```
            text-decoration:none;
            border-right:1px solid rgb(255,255,255,0.25);
        }
        .nav a:hover{
            background:#70891f;
        }
    </style>
```

（4）添加鼠标指针经过超链接时的 a:hover 效果，增强交互性。这里可以设置变换背景颜色等效果，完成后在浏览器中浏览，效果如图 10-1 所示。浏览时若无法正常显示 CSS3 的效果，可更换新版浏览器进行测试。

任务小结

本任务通过实现一个横向导航的设计，介绍了导航的常用排版与布局方式，重点介绍了 CSS3 的背景线性渐变 linear-gradient、边框阴影 box-shadow，以及之前学习的边框圆角 border-radius 的使用。这些技术不仅丰富了导航的视觉效果，而且简单方便。本任务还介绍了超链接样式，灵活应用超链接样式，可以丰富导航的交互效果。

任务 2　使用 CSS3 美化表格

任务描述

表格作为一种特殊而实用的数据表达方式，是网页中经常使用的元素，一般用来显示从后台读取的数据，也可以用来进行网页布局。同其他 HTML 标记一样，可以使用 CSS 对表格进行美化，例如，制作细线表格、隔行变色表格、鼠标指针经过时变色的表格等。本任务使用 CSS 来控制表格的样式，完成“隔行变色”的表格效果，表格效果如图 10-2 所示。

第九届蓝桥杯全国软件省赛获奖名单

考生姓名	科目名称	奖项	是否进入国赛	专业班级
张景廉	C/C++程序设计大学C组	一等奖	是	16计应8班
胡经邦	Java软件开发大学C组	一等奖	是	16计应5班
张朝锋	Java软件开发大学C组	一等奖	是	16软件1班
钟梓铭	C/C++程序设计大学C组	二等奖	否	17电子1班
石博艺	C/C++程序设计大学C组	二等奖	否	17软件4班
江炯儒	C/C++程序设计大学C组	二等奖	否	17软件6班
冯迪威	C/C++程序设计大学C组	二等奖	否	17软件5班
李家宝	C/C++程序设计大学C组	二等奖	否	17计应1班
胡经邦	Java软件开发大学C组	一等奖	是	16计应5班

实际效果

图 10-2　CSS3 美化表格效果图

知识准备

10.3　HTML 表格的特殊应用

1. 表格的边框重叠

表格由<table>标记来定义。每个表格均包括若干行（由<tr>标记定义），每行被分割为若干个单元格（由<td>标记定义）。数据单元格可以包含文本、图片、列表、段落、表单、水平线、表格等。除此之外，还有几个专用标记，如<caption>定义表格名称，<thead>定义表格的表头，<tbody>定义表格的主体，<th>定义表头的单元格，这些标记都有各自的语义。在应用表格排版时，应充分使用各个标记之间的嵌套来减少 CSS 类的定义，提升代码的可阅读性。

如果不定义边框属性，表格将不显示边框。使用边框属性来显示一个带有边框的表格时，如果要显示所有的边框，那么需要给 table、th 以及 td 元素都设置独立的边框。如果要使这些边框不重叠，把表格显示为单线条边框，那么需要使用 border-collapse:collapse 属性来解决，它的作用是设置是否把表格边框合并为单一的边框。

2. CSS3 中的:nth-child()选择器

表格往往用来显示多行的数据，每一行的位置都是对等的，若要设置其中某一行的样式，使用 HTML 标记不是那么方便。例如，本次任务中要设置隔行变色，涉及奇数行和偶数行样式不同的问题。CSS3 中的:nth-child()选择器为此提供了便利，:nth-child(n)匹配属于其父元素的第 n 个子元素（不论元素的类型），其语法格式如下：

```
:nth-child(n|even|odd|formula)
```

各参数的作用如表 10-2 所示。除 IE8 及更早版本的浏览器以外，所有主流浏览器均支持 :nth-child() 选择器。

表 10-2　:nth-child()中各参数的作用

参　数	描　述
n	要匹配的每个子元素的索引 必须是一个数字，第一个元素的索引号是 1
even	选取每个偶数子元素
odd	选取每个奇数子元素
公式	规定哪个子元素需通过公式（an + b）来选取，a 表示周期的长度，n 是计数器，从 0 开始计算，b 是偏移值 实例：p:nth-child(3n+2) 选取每个第三段，从第二个子元素开始

3. :hover 选择器

在上一个任务中，鼠标指针经过超链接时，为:hover 在鼠标指针移到超链接上时添加了特殊样式。其实，:hover 选择器可用于所有元素，不仅是超链接，所有主流浏览器都支持:hover 选择器。制作表格隔行变色，高亮显示效果时，可以通过设置 CSS 中的 tr:hover 伪类选择器来达到效果。如果在表格中要求当鼠标指针滑过每一行时，该行就会高亮显示，那么在表格<tr>中加上一个:hover 样式即可，例如：

```
tr:hover{background:yellow;}
```

这样可以更换行的背景颜色，但是，如果给<td>加上了背景颜色，则必须使用 tr:hover td {...}才能出现背景颜色的变换效果。

任务实现

1. 具体任务

（1）运用所学知识对表格进行美化，使表格的内容显示整齐，内容与边框之间有一定的间距，各列的宽度根据内容自由分布；

（2）设置表格的外边框为粗线边框，内边框为细线边框，不出现边框重叠；

（3）为表头设置背景颜色，加粗显示，表格内容体现“隔行变色”的效果；

（4）在鼠标指针经过表格主体内容的各行时，能变换样式，体现“高亮显示”的效果。

2. 实现步骤

（1）在 Dreamweaver CC 2017 中创建一个空白 HTML5 页面，在标题处输入“CSS3 表格美化”，保存为 index.html。充分选用表格的语义化标记，进行表格内容的结构定义，主要包括表格的标题、表头、主体等，HTML 代码如下：

```
<table>
    <caption>第九届蓝桥杯全国软件省赛获奖名单</caption>
    <thead>
        <tr>
            <th>考生姓名</th>
            <th>科目名称</th>
            <th>奖项</th>
            <th>是否进入国赛</th>
            <th>专业班级</th>
        </tr>
    </thead>
    <tbody>
        <tr>
            <td>张景廉</td>
            <td>C/C++程序设计大学 C 组</td>
        <td>一等奖</td>
            <td>是</td>
            <td>16 计应 8 班</td>
        </tr>
        ......
    </tbody>
</table>
```

此处应注意 HTML 的层次结构，<table>标记的下一级标记包含<caption>、<thead>和<tbody>，<tr>标记中包含<td>或<th>，<th>为表头元素，默认加粗并居中显示。

（2）为使显示更加直观，本任务选用内部样式表的方式编写 CSS 代码，直接在<head>中写入<style>标记来编写 CSS，为使代码简洁，本任务直接使用标记选择器来控制表格中各元素的属性。

（3）设置表格的边框。表格的边框主要是对<table>、<td>、<th>这三个标记进行设置，<table>负责表格外边框，对重复的线条使用 border-collapse:collapse 属性进行重合，适当设置一些内容的填充，表格会按所在单元格的内容自动扩展容器而占据宽度。

（4）设置表头的背景颜色。表头的背景颜色有两种设置方法，一种是对<th>进行设置，一种是对<thead>进行设置。显然，<thead>是外层元素，表示整个表头，选择<thead>更合适。

（5）设置隔行变色效果。注意，此处针对的行是表格主体内容的行，因此选择器应该选择<tbody>下面的偶数个<tr>进行样式设计，代码格式为：

```
tbody tr:nth-child(even){...}
```

（6）设置鼠标指针经过时高亮显示的效果。此时使用:hover 伪类实现，代码格式为：

```
tbody tr:hover{}
```

（7）最后给元素添加字体、文本等属性，CSS 代码如下：

```
<style>
    caption{                                    /*设置表格标题的样式*/
        font-family:"黑体";
        font-size:1.6em;
        line-height:1.8em;
    }
    table{
        border:solid 4px #829B7E;
    }
    td,th{
        border:dashed 1px #829B7E;
        text-align:center;
    }
    table,td,th{
        border-collapse:collapse;               /*将边框进行重合*/
    }
    td,th{
        padding:10px 20px;
    }
    thead{
        background:#D7FBDF
    }
    tbody tr:nth-child(even){
        background:#eee;                        /*对表格内容区域设置偶数行变色*/
    }
    tbody tr:hover{
        background:#033805;                     /*鼠标指针经过时高亮显示*/
        color:#fff;
    }
</style>
```

（7）在浏览器中浏览网页效果，效果如图 10-2 所示，若部分 CSS3 效果无法显示，可更换新版浏览器进行测试。

任务小结

作为网页中经常使用的元素，表格样式的设计是网页设计人员必须熟练掌握的一种技能。在结构定义时，应当充分使用表格的各种标记，为编写 CSS 提供方便。在外观控制时，主要用到表格的边框及重叠 border-collapse、选择器:nth-child()，以及伪类选择器:hover 实现鼠标经过时的样式定义，提升表格的美观度及交互性。

任务 3　使用 CSS3 美化表单

任务描述

表单在功能型网站中，是用户与网站服务器之间进行信息传递的重要工具，也是网页交互中的重要元素。在网页中，小到搜索框，大到注册表单、用户控制面板，都需要使用表单及表单元素进行设计。用户在网页上注册、登录、留言时，都是通过表单向网站数据库提交或读取数据的。本任务通过模仿 QQ 注册表单页面，使用 CSS3 对表单进行美化工作，效果如图 10-3 所示。

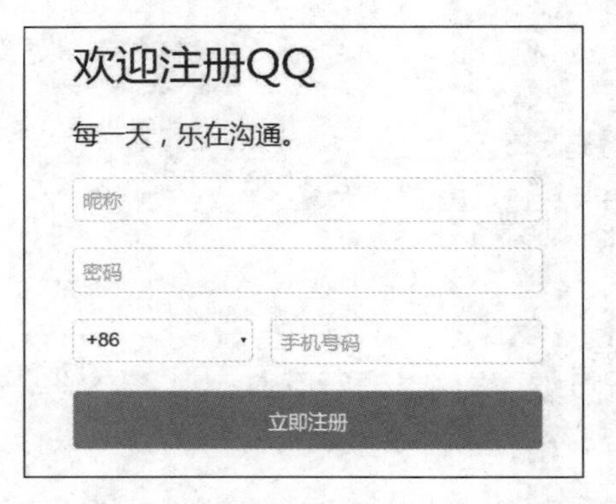

实际效果

图 10-3　模仿 QQ 注册表单页面美化效果图

知识准备

10.4　CSS 属性选择器

在 CSS 选择器中，比较常用的是标记选择器、类选择器、ID 选择器、伪类选择器等，而属性选择器是一种特殊类型的选择器，可以指定具有特定属性的 HTML 元素样式（不仅是 class 和 id）。例如，给表单元素设置样式时，可以使用标记选择器，但要实现个别元素的特殊样式，就需要使用类选择器或 ID 选择器了。为了减少类选择器或 ID 选择器的定义，可以根据相同标记的不同属性来设置单独的 CSS 内容。例如，以下 CSS 代码对 text 和 button 元素进行样式设计：

```
input[type="text"]
{
    width:150px;
    display:block;
    margin-bottom:10px;
    background-color:yellow;
    font-family:Verdana,Arial;
}

input[type="button"]
{
    width:120px;
    margin-left:35px;
    display:block;
    font-family:Verdana,Arial;
}
```

使用属性选择器时，方括号[ ]表示选择属性的名称和属性值，其主要形式如表 10-3 所示。

表 10-3 CSS 属性选择器的参数

参 数	描 述
[attribute]	用于选取带有指定属性的元素
[attribute=value]	用于选取带有指定属性和值的元素
[attribute~=value]	用于选取属性值中包含指定词汇的元素
[attribute|=value]	用于选取带有以指定值开头的属性值的元素，该值必须是整个单词
[attribute^=value]	匹配属性值以指定值开头的每个元素
[attribute$=value]	匹配属性值以指定值结尾的每个元素
[attribute*=value]	匹配属性值中包含指定值的每个元素

除 IE6 不支持属性选择器外，其他浏览器都支持。7 种属性选择器中，[attribute=value]和[attribute*=value]是最实用的，其中[attribute=value]能定位不同类型的元素，特别是表单 form 元素的操作，比如 input[type="text"],input[type="checkbox"]等。而[attribute*=value]能在网站中匹配不同类型的文件，比如网站上不同的文件类型的超链接需要使用不同的 icon 图标，用来帮助网站提高用户体验。

任务实现

1．具体任务

（1）创建一个 HTML5 页面，确定布局元素及表单元素，编写 HTML 结构；

（2）创建 CSS 样式，对网页布局进行设计，对表单元素使用属性选择器进行样式设计，主要包括宽度、高度、边框、圆角、填充等属性；

（3）添加表单交互效果的 CSS 样式，主要针对鼠标指针经过时、表单元素获得焦点时设计效果，并在细节方面添加对应的样式。

2. 实现步骤

（1）在 Dreamweaver CC 2017 中创建一个空白的 HTML 页面，保存为 index.html，添加布局元素，左侧放图片，右侧放表单，并保持一定的距离。

（2）在右侧的表单中，加入各表单元素，主要有文本输入框、密码框、下拉列表框、电话号码输入框和提交按钮等，HTML 代码如下：

```
<div class="left">
    <img src="01-4.jpg" />
</div>
<div class="zc">
    <h1>欢迎注册 QQ</h1>
    <h3>每一天，乐在沟通。</h3>
    <form>
        <p><input type="text" placeholder="昵称" autofocus="autofocus"  /></p>
        <p><input type="password" placeholder="密码" /></p>
        <p>
            <select>
                <option>+86</option>
                <option>中国+86</option>
                <option>中国香港特别行政区 +852</option>
                <option>中国澳门特别行政区 +853</option>
            </select>
        <input type="tel" placeholder="手机号码" /></p>
        <p><input type="submit" value="立即注册" /></p>
    </form>
</div>
```

在以上代码中，表单元素采用了<p>标记进行分行显示，并产生适当的外边距，此处通常也可以采用<ul>、<li>标记进行布局，placeholder 属性是 HTML5 的新属性，可描述输入字段预期值的提示信息（hint），该提示会在输入字段为空时显示，并会在字段获得焦点时消失。autofocus 属性也是 HTML5 的新属性，规定当页面加载时 input 元素应该自动获得焦点。

（3）编写 CSS 样式。首先编写布局、控制页面及浮动效果，然后对表单元素进行样式设计，此处可先写公共的样式，即所有元素都具有的外观。这里有两种类型，一种是 input，一种是 select，两者可以合并在一组来写，属性主要有宽度、高度、行高、填充、圆角、边框、字体大小等。

（4）设计下拉列表框及电话号码输入框，因为要处在同一行中，所以需要进行浮动，此时，对 select 及 input[type='tel']这两个元素分别设置不同的宽度及浮动。

（5）对提交按钮进行样式设计，采用属性选择器 input[type='submit']，因为提交按钮没有边框和填充，因此需要给它添加一个宽度，才能与上面的元素对齐。此外，对提交按钮设置背景颜色、文字颜色、外边距，同时需要清除浮动（因上面的元素进行了浮动）。

（6）对所有表单元素的 input 和 select 使用伪类:hover 和:focus 添加交互效果，主要设置其边框颜色等。需要注意的是:focus 选择器用于选取输入获得焦点的元素，此属性使用较少，一般主要用在表单元素中。

（7）最后，对字体、宽度、边距等做细节处理，完整的 CSS 代码如下：

```
    <style>
        body,form,input{
            font-family:Microsoft Yahei;
            padding:0;
            margin:0;
        }
        .left{
            float:left;
        }
        .left img{
            width:70%;
            height:70%;
        }
        .zc{
            float:left;
            margin:20px 60px;
        }
        .zc h1{
            font-size:3em;
            font-weight:normal;
        }
        .zc h3{
            font-size:1.8em;
            font-weight:normal;
        }
        .zc p{
            margin:30px 0;
        }
        .zc input,.zc select{
            width:500px;
            height:50px;
            line-height:50px;
            border:solid 1px #ccc;
            font-size:1.4em;
            border-radius:6px;
            padding:0 10px;
        }
        .zc select{
            width:200px;
            float:left;
            margin-right:20px;
        }
        .zc input[type='tel']{
            width:280px;
            float:left;
        }
        .zc input[type='submit']{
            height:66px;
            line-height:66px;
            width:522px;
```

```
            background-color:#2F84E9;
            color:#fff;
            clear:both;
            margin:30px 0px;
        }
        .zc input:hover,.zc input:focus,.zc select:hover,.zc select:focus{
            border-color:#4F9CF8;
        }
        .zc input[type='submit']:hover{
            background-color:#4F7DFB
        }
    </style>
```

（8）完成后，在浏览器中浏览效果，最终效果如图 10-3 所示。

任务小结

本任务模仿 QQ 注册页面表单元素的样式设计，重点介绍了属性选择器的用法，同时还把部分 HTML5 的新属性应用于表单元素的设计中，使用:hover、:focus 伪类模仿了其中的交互效果。本任务只对部分表单元素的 HTML 和 CSS 属性进行了介绍，其他元素的应用方法类似，可以查阅 HTML5、CSS3 相关手册获得。

思考与练习

一、填空题

1．CSS 中清除左右浮动的代码为：________。

2．选择提交按钮的属性选择器的写法为：________。

3．鼠标指针经过 input 元素时的伪类选择器为 input：________，获得焦点时的伪类选择器为 input：________。

4．为下列 HTML 代码<h1>标记中的超链接添加 CSS 样式，要求超链接：盒状，没有下画线，文字水平方向和垂直方向居中对齐，文字颜色为#f09，黑色 1px 的圆角边框，鼠标指针经过时背景为黑色、文字颜色为白色。

```
<style>
h1 a{ ____________________________________________
      ____________________________________________
      ____________________________________________
}
h1 a:__{
      ____________________________________________
      ____________________________________________
      ____________________________________________
}
</style>
<h1><a href="#">校园招聘会</a></h1>
```

5．使用 CSS3 添加以下效果。

（1）x 和 y 方向各有 5px 阴影，10px 的模糊距离，阴影颜色为#999：

____

（2）针对 WebKit 内核的浏览器，添加从上至下的线性渐变，渐变的颜色为从红色到蓝色：

____

二、简答题

1．简单介绍 CSS 在表格美化中的作用。

2．CSS 中有哪些选择器？

三、操作训练题

1．使用模块十所学知识，完成一个表格的制作与美化，要求如下。

（1）表格外边框为双实线，内边框为细实线；

（2）实现表格“隔行变色”的效果，鼠标指针经过一行时呈现“高亮显示”的效果；

（3）参考效果如图 10-4 所示。

ID	用户名	电话	E-mail	qq
1	admin	13500100101	admin@yahoo.com.cn	133331
2	guest	13500100102	guest@163.com	121244
3	user1	13500100103	user1@firefox.com	445566
4	user2	13500100104	user2@msn.com	454545
5	user3	13500100105	user3@263.com	344535

图 10-4 参考效果

2．对照图 10-5 所示的效果图，完成表单各元素的设计与制作，并使用 CSS 进行美化。

图 10-5 效果图

3．使用所学知识，完成一个网站导航的设计与制作，尝试使用 CSS3 的圆角、阴影、渐变等效果对导航进行美化。

模块十一

综合案例

本模块通过对学校网站主页的介绍，仔细描述一个网站的建立过程。本模块的主要学习目标是对文字、图片信息的添加，以及CSS样式的设计。

知识目标

- 网站和网页的建立
- CSS样式设计
- 网页相关内容设计

能力目标

- 掌握网站和网页的建立
- 掌握页面CSS样式设计
- 掌握网页内容设计

具体任务

- 任务　学校网站页面设计

任务　学校网站的页面设计

任务描述

本任务设计一个完整的学校网站页面，包括网站和网页的建立、CSS样式的设计和网页相关信息功能的设计，网页效果如图11-1所示。

通过图11-1，我们能够清晰地看到页面的整体结构分布，其顶部为导航信息栏，中间是关于学校的相关介绍及学校、学院的最新消息展示等，底部为网站信息、版权声明等内容。整个页面的设计涵盖了本书各个模块的知识，通过实现本任务，可以较好地将理论知识转化为实践能力。

任务实现

1．具体任务

（1）创建一个站点；

图 11-1　学校网站主页效果图

实际效果

（2）网页相关内容设计；

（3）使用 CSS 样式美化网页，进而完成一个完整的网页。

2. 实现步骤

（1）启动 Dreamweaver CC 2017 软件，执行“文件”→“新建”命令，输入站点名称和本地站点文件夹路径，单击“保存”按钮即可成功建立一个名称为“学校网站”的站点，如图 11-2 所示。

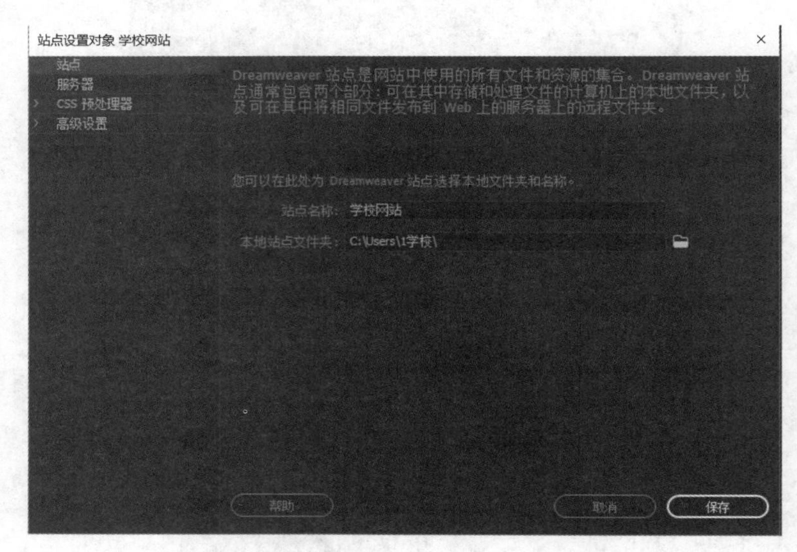

图 11-2　建立一个站点

学校网站文件夹下包含网站的 index.html 主页文件、course.html 子页文件，以及 style 和 images 两个文件夹，分别用于存放网站需要的 CSS 样式文件和图片文件。

（2）建立 CSS 样式文件，如图 11-3 所示。编辑层级样式表内容，然后保存到 style 文件夹下，方便整体管理网站的代码。

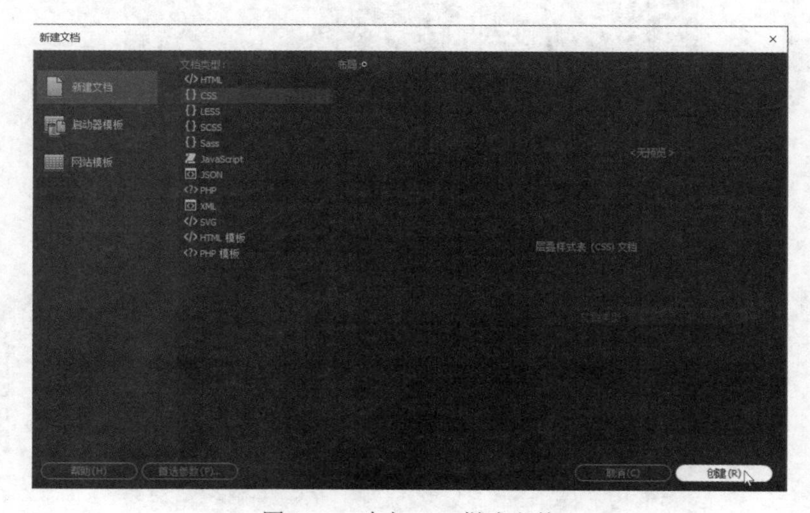

图 11-3　建立 CSS 样式文件

（3）导航的代码设计与分析。

① 导航页面设计的代码如下：

```
    <div class="header">
      <div class="header-top">
        <div class="container">
          <div class="detail">
            <ul>
              <li><i class="glyphicon glyphicon-earphone" aria-hidden="true"></i> +
66666666666</li>
              <li><i class="glyphicon glyphicon-time" aria-hidden="true"></i>
周一到周五 9:00 到 18:00 </li>
            </ul>
          </div>
          <div class="indicate">
            <p><i class="glyphicon glyphicon-map-marker" aria-hidden="true">
</i>学校路 666 号</p>
          </div>
          <div class="clearfix"></div>
        </div>
      </div>
      <div class="container">
        <nav class="navbar navbar-default">
          <div class="container-fluid">
        <!---Brand and toggle get grouped for better mobile display--->
            <div class="navbar-header">
              <button type="button" class="navbar-toggle collapsed" data-toggle=
"collapse" data-target="#bs-example-navbar-collapse-1" aria-expanded="false">
                <span class="sr-only">Toggle navigation</span>
                <span class="icon-bar"></span>
                <span class="icon-bar"></span>
                <span class="icon-bar"></span>
              </button>
              <div class="navbar-brand">
                <h1><a href="index.html">学校 <span>主页</span></a></h1>
              </div>
            </div>

        <!-- Collect the nav links, forms, and other content for toggling -->
            <div class="collapse navbar-collapse" id="bs-example-navbar-
collapse-1">
              <nav class="link-effect-2" id="link-effect-2">
                <ul class="nav navbar-nav">
                  <li class="active"><a href="index.html"><span data-hover="Home">
主页</span></a></li>
                  <li><a href="about.html"><span data-hover="About">关于我们
</span></a></li>
```

```
                <li><a href="services.html"><span data-hover="Services">提供服务</span></a></li>
                <li><a href="projects.html"><span data-hover="Projects">计划与安排</span></a></li>
                <li><a href="courses.html"><span data-hover="Courses">课程</span></a></li>
                <li><a href="codes.html"><span data-hover="Codes">资源库</span></a></li>
                <li><a href="contact.html"><span data-hover="Contact">联系我们</span></a></li>
              </ul>
            </nav>
          </div>
        </div>
      </nav>
    </div>
  </div>
```

通过使用<ul>和<li>标记，可以实现网站导航栏列表，对于导航中的各个条目，填入需要表现的导航信息，展示导航内容。通过<nav>标记定义导航中的链接部分，将导航中的各条目内容转化为链接，实现不同内容主页的跳转。

② 导航 CSS 样式设计的代码如下：

```
nav a{
    position:relative;
    display:inline-block;
    outline:none;
    text-decoration:none;
}
nav a:hover,
nav a:focus{
    outline:none;
}
.header{
   background:#49872E;
}
.header-top{
   padding:1em 0;
   background:#2e353f;
}
```

定义<nav>标记的样式，通过 position、display 等属性控制导航内位置显示等属性。对于每个条目，通过 background 属性，设置整个 header 内的背景颜色，进一步通过 padding 属性设置对应区域内边距。

通过上述代码可以得到如图 11-4 所示的效果。

图 11-4　导航效果图

实际效果

（4）主体部分的代码设计与分析。

① 学校宣传信息的代码如下：

```
<div class="banner">
    <div>
        <img src="image/1.jpg" alt="" width = "100%"/>
        </div>
</div>
```

通过<img>标记设置区块背景，用于展示学校风景。

② 学校宣传信息底部条幅页面设计的代码如下：

```
<div class="banner-bottom">
    <div class="col-md-3 ban-grid">
        <div class="ban-left">
            <h4>师资力量</h4>
        </div>
        <div class="ban-right">
            <i class="glyphicon glyphicon-user"> </i>
        </div>
        <div class="clearfix"></div>
    </div>
    <div class="col-md-3 ban-grid">
        <div class="ban-left">
            <h4>视频课程</h4>
        </div>
        <div class="ban-right">
            <i class="glyphicon glyphicon-facetime-video"> </i>
        </div>
        <div class="clearfix"></div>
    </div>
    <div class="col-md-3 ban-grid">
        <div class="ban-left">
            <h4>图书馆</h4>
        </div>
        <div class="ban-right">
            <i class="glyphicon glyphicon-book"> </i>
        </div>
        <div class="clearfix"></div>
    </div>
    <div class="col-md-3 ban-grid">
        <div class="ban-left">
```

```
                <h4>在线课程</h4>
            </div>
            <div class="ban-right">
            <i class="glyphicon glyphicon-blackboard"> </i>
            </div>
            <div class="clearfix"></div>
        </div>
        <div class="clearfix"></div>
    </div>
```

通过<h4>标记设置标题，通过<i>标记设置文本斜体。

③ 学校宣传信息底部条幅 CSS 设计的代码如下：

```
.banner-bottom{
    text-align:center;
    background:#EDF7FF;
}
.ban-grid i{
    font-size:2.5em;
    color:#373737;
    transition:0.5s all;
    -webkit-transition:0.5s all;
    -moz-transition:0.5s all;
    -o-transition:0.5s all;
    -ms-transition:0.5s all;
}
.ban-grid h4{
    font-size:2em;
    color:#F58703;
    text-transform:capitalize;
}
.ban-grid p{
    font-size:1em;
    line-height:1.8em;
    margin-top:0.5em
}
.ban-grid:hover div.ban-right i{
    color:#49872E;
}
.ban-left{
    float:left;
    width:70%;
}
.ban-right{
    float:left;
    width:30%;
}
```

```
    .ban-grid{
        padding:2em 0;
    }
```

该部分主要用于底部条幅的样式设计，通过 text-align 设置文本对齐方式，通过 background 设置背景颜色，通过 width 设置元素宽度，通过 float 设置元素浮动等。

通过上述代码可以得到如图 11-5 所示的效果。

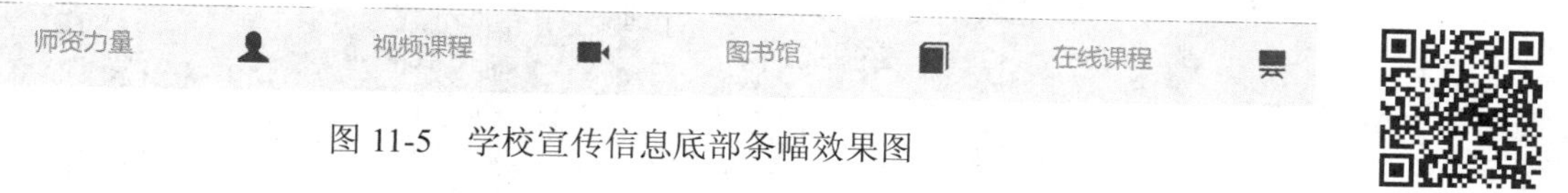

图 11-5　学校宣传信息底部条幅效果图

实际效果

④ 欢迎展示部分页面设计的代码如下：

```
        <div class="welcome-w3">
            <div class="container">
                <h2 class="tittle">欢迎加入我们学校 </h2>
                <div class="wel-grids">
                    <div class="col-md-4 wel-grid">
                        <div class="port-7 effect-2">
                            <div class="image-box">
                                <img src="图片/8.jpg" class="img-responsive"
alt="Image-2">
                            </div>
                            <div class="text-desc">
                                <h4>学习生活</h4>
                            </div>
                        </div>
                        <div class="port-7 effect-2">
                            <div class="image-box">
                                <img src="图片/6.jpg" class="img-responsive"
alt="Image-2">
                            </div>
                            <div class="text-desc">
                                <h4>学习生活</h4>
                            </div>
                        </div>
                    </div>
                    <div class="col-md-4 wel-grid">
                        <img src="图片/7.jpg"  class="img-responsive" alt=
"Image-2">
                        <div class="text-grid">
                            <h4>学习生活</h4>
                        </div>
                    </div>
                    <div class="col-md-4 wel-grid">
                        <div class="port-7 effect-2">
                            <div class="image-box">
                                <img src="图片/9.jpg" class="img-responsive" alt=
                                        "Image-2">
```

```
                </div>
                <div class="text-desc">
                    <h4>学习生活</h4>
                </div>
            </div>
            <div class="port-7 effect-2">
                <div class="image-box">
                    <img src="图片/10.jpg" class="img-responsive"
                              alt="Image-2">
                </div>
                <div class="text-desc">
                    <h4>学习生活</h4>
                </div>
            </div>
        </div>
        <div class="clearfix"></div>
    </div>
  </div>
</div>
```

通过<div>标记合理划分显示区域，通过<h4>标记显示标题信息。

⑤ 欢迎展示部分 CSS 设计的代码如下：

```
    .welcome-w3,.new-w3agile,.about-w3,.services-w3l,.projects-agile,.cour
ses-w3ls,.statistics-w3,.typo-w3,.contact-w3l{
        padding:5em 0;
    }
    .wel-grids,.student-grids,.about-grids,.what-grids,.staff-grids,.stati
stics-grids,.services-grids,.ourser-grids,.course-grids{
        margin-top:4em;
    }
```

通过上述代码可以得到如图 11-6 所示的效果。

实际效果

欢迎加入我们学校

图 11-6　欢迎展示部分效果图

⑥ 学生风貌展示部分页面设计的代码如下：

```
<div class="student-w3ls">
    <div class="container">
        <h3 class="tittle"> 我们的学生</h3>
        <div class="student-grids">
            <div class="col-md-6 student-grid">
                <h4>学生荣誉墙</h4>
                    <p>学生在校期间可参加社团活动、专业竞赛、人文比赛、公益活动等
有趣的校园活动，同时学校为优秀学生提供相应的学校、企业以及国家等奖学金，同时提供一些国内外
大学的交流。</p>
                    <p>在每年都有很多学生在不同领域取得优异的成果。</p>
                    <ul class="grid-part">
                        <li><i class="glyphicon glyphicon-ok-sign">
</i>2018 年 10 月 小明同学获得机器人比赛一等奖</li>
                        <li><i class="glyphicon glyphicon-ok-sign">
</i>2018 年 9 月 小红同学获得校园唱歌比赛二等奖</li>
                        <li><i class="glyphicon glyphicon-ok-sign">
</i>2018 年 9 月 小张同学获得国家奖学金</li>
                        <li><i class="glyphicon glyphicon-ok-sign">
</i>2018 年 7 月 小王同学获赴美交流机会</li>
                        <li><i class="glyphicon glyphicon-ok-sign">
</i>2018 年 6 月 小杨同学获得 100 米短跑等多项比赛一等奖</li>
                    </ul>

            </div>
            <div class="col-md-6 student-grid">
                <img src="图片/20.jpg" class="img-responsive" alt=
                            "Image-2">
            </div>
            <div class="clearfix"></div>
        </div>
    </div>
</div>
```

通过<ul>和<li>标记展示学生获得的荣誉列表，通过<p>标记和<h4>标记展示段落和标题信息。

⑦ 学生风貌展示部分 CSS 样式设计的代码如下：

```
.student-w3ls{
    padding:5em 0;
     background:#EDF7FF
}
.student-grid h4{
    font-size:2em;
    color:#F58703;
}
```

```
    .student-grid p{
        font-size:1em;
        padding-top:1em;
    }
```

通过上述代码可以得到如图 11-7 所示的效果。

实际效果

图 11-7　学生风貌展示部分效果图

⑧ 名人名言展示部分页面设计的代码如下：

```
    <div class="testimonials-w3">
        <div class="container">
        <h3 class="tittle2">名人名言</h3>
            <div class="test-grid">
                <img src="images/quote.png" alt=""/>
            <h5>人生就是学校。在那里，与其是幸福，毋宁是不幸才是好的教师。因为，生存是
在深渊的孤独里。</h5>
            <p><i>海德格尔</i></p>
            </div>
        </div>
    </div>
```

通过<p>标记和<h5>标记展示段落和标题信息，凸显文字内容。

⑨ 名人名言展示部分 CSS 样式设计的代码如下：

```
    .testimonials-w3{
        background:url(../images/ba.jpg) no-repeat 0px 0px;
        background-size:cover;
        -webkit-background-size:cover;
        -moz-background-size:cover;
        -o-background-size:cover;
        -ms-background-size:cover;
        min-height:500px;
```

```
        text-align:center;
        padding:5em 0 0;
    }
    .testimonials-w3 h5{
        font-size:2.5em;
        color:#fff;
        width:66%;
        margin:.5em auto 0;
        line-height:1.5em;
    }
    .testimonials-w3 p{
        color:#fff;
        font-size:1.2em;
        text-align:right;
    }
```

通过上述代码可以得到如图 11-8 所示的效果。

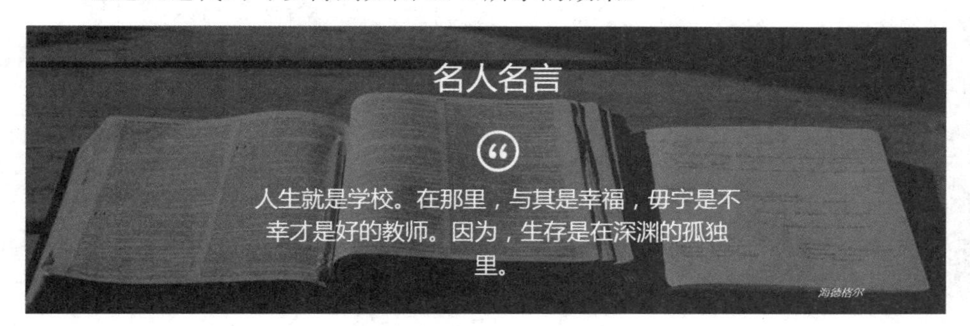

实际效果

图 11-8　名人名言展示部分效果图

⑩ 新闻动态展示部分页面设计的代码如下：

```
<div class="new-w3agile">
    <div class="container">
        <div class="new-grids">
            <div class="col-md-4 new-left">
                <h3 class="tittle1">学院要闻</h3>
                <div class="new-top">
                    <h5>9 月 14 日</h5>
                    <p>计算机学院开展计算机技能比赛</p>
                </div>
                <div class="new-top1">
                    <h5>9 月 13 日</h5>
                    <p>计算机学院邀请张教授进行专家讲座</p>
                </div>
                <div class="new-top">
                    <h5>9 月 12 日</h5>
                    <p>人文学院开展读书月活动</p>
                </div>
```

```
                    <div class="new-top1">
                        <h5>9 月 11 日</h5>
                        <p>外语学院开设英语角</p>
                    </div>
                    <div class="new-top">
                        <h5>9 月 10 日</h5>
                        <p>自动化学院师生代表下企业交流</p>
                    </div>
                </div>
                <div class="col-md-8 new-right">
                    <h3 class="tittle1">校园动态</h3>
                        <h4>我校联合五个企业组织交流学习</h4>
                        <p>我校于 9 日和创新科技,创新银行,创新互联,创新网络，创新金融
五家企业达成联合培养方案，我校计算机专业学生会在大二下学期选择其中一家企业进行实习</p>
                    <div class="new-bottom">
                        <div class="new-bottom-left">
                            <img src="图片/11.jpg" class="img-responsive"
alt="">
                        </div>
                            <div class="new-bottom-right">
                            <h5>新生军训圆满结束</h5>
                            <p>我校新生经过 15 天的军训，在 12 日进行汇报演出，在汇报
演出中，新生们朝气蓬勃，展现了学生的良好精神状态，此次军训汇报圆满落幕，他们即将开启全新的
大学生活。</p>
                            </div>
                            <div class="clearfix"></div>
                    </div>
                        <h4>第 5 届校园招聘会召开</h4>
                        <p>此次校园招聘会一共有 58 家企业参加，其中计算机类 40 家，自
动化专业企业 12 家，人文类外语类 6 家。</p>
                </div>
                    <div class="clearfix"></div>
            </div>
        </div>
    </div>
```

通过<p>标记和<h5>标记展示段落和标题信息，凸显文字内容。

⑪ 新闻动态展示部分 CSS 样式设计的代码如下：

```
    .welcome-w3,.student-w3ls,.new-w3agile,.about-w3,.what-w3,.staff-w3l,.
services-w3l,.our-services-w3,.projects-agile,.courses-w3ls,.statistics-w3,
.typo-w3,.contact-w3l{
        padding:4em 0;
    }
    .wel-grids,.student-grids,.about-grids,.test-grid,.what-grids,.staff-g
rids,.statistics-grids,.services-grids,.ourser-grids,.course-grids{
        margin-top:3em;
    }
```

通过上述代码可以得到如图 11-9 所示的效果。

学院要闻
校园动态
9月14日
计算机学院开展计算机技能比赛
9月13日
计算机学院邀请张教授进行专家讲座
9月12日
人文学院开展读书月活动
9月11日
外语学院开设英语角
9月10日
自动化学院师生代表下企业交流
我校联合五个企业组织交流学习
我校于9日和创新科技,创新银行,创新互联,创新网络，创新金融五家企业达成联合培养方案，我校计算机专业学生会在大二下学期选择其中一家企业进行实习。

新生军训圆满结束
我校新生经过15天的军训，在12日进行汇报演出，在汇报演出中，新生们朝气蓬勃，展现了学生的良好精神状态，此次军训汇报圆满落幕，他们即将开启全新的大学生活。
第5届校园招聘会召开
此次校园招聘会一共有58家企业参加，其中计算机类40家，自动化专业企业12家，人文类外语类6家。

实际效果

图 11-9　新闻动态展示部分效果图

（5）底部信息展示部分的代码设计与分析。

① 底部信息展示部分页面设计的代码如下：

```
    <div class="footer-w3">
        <div class="container">
            <div class="footer-grids">
                <div class="col-md-4 footer-grid">
                    <h4>关于我们</h4>
                    <p>希望你可以加入我们，创造属于你的美丽明天。 <span>如果你对我们
感兴趣，欢迎前来咨询</span></p>
                </div>
                <div class="col-md-4 footer-grid">
                <h4>美丽校园</h4>
                    <div class="footer-grid1">
                        <img src="图片/14.jpg" alt=" " class="img-responsive">
                    </div>
                    <div class="footer-grid1">
                        <img src="图片/13.jpg" alt=" " class="img-responsive">
                    </div>
                    <div class="footer-grid1">
                        <img src="图片/20.jpg" alt=" " class="img-responsive">
                    </div>
                    <div class="footer-grid1">
                        <img src="图片/12.jpg" alt=" " class="img-responsive">
                    </div>
                    <div class="footer-grid1">
                        <img src="图片/11.jpg" alt=" " class="img-responsive">
                    </div>
                    <div class="footer-grid1">
                        <img src="图片/10.jpg" alt=" " class="img-responsive">
```

```
                    </div>
                    <div class="clearfix"> </div>
                </div>
                <div class="col-md-4 footer-grid">
                <h4>学校信息</h4>
                    <ul>
                        <li><i class="glyphicon glyphicon-map-marker" aria-
hidden= "true"></i>学校路 666 号</li>
                        <li><i class="glyphicon glyphicon-earphone" aria-
hidden="true"></i>66666666666</li>
                        <li><i class="glyphicon glyphicon-envelope" aria-
hidden="true"></i><a href="mailto:example@mail.com"> 666666@mail.com</a></li>
                        <li><i class="glyphicon glyphicon-time" aria-
hidden="true"></i>周一到周五 09:00 到 18:00 </li>
                    </ul>
                </div>
                <div class="clearfix"></div>
            </div>
        </div>
    </div>
```

② 底部信息展示部分 CSS 样式设计的代码如下：

```
    .footer-w3{
       background:#212121;
       padding:4em 0 ;
    }
    .footer-grid h4{
       font-size:2em;
       color:#fff;
       margin-bottom:1em;
    }
    .footer-grid ul li{
       list-style:none;
       color:#BBB9B9;
       line-height:2em;
       font-size:1em;
    }
    .footer-grid ul li i{
       color:#BBB9B9;
       line-height:2em;
       font-size:1em;
           margin-right:1em;
    }
    .footer-grid ul li a{
       color:#999;
       text-decoration:none;
```

```
    }
    .footer-grid1{
        float:left;
        width:31.45%;
        margin:0 0.3em .3em 0em;
    }
    .footer-grid p{
        font-size:1em;
        color:#BBB9B9;
    }
    .footer-grid p span{
        display:block;
        margin:1em 0 0;
    }
```

通过上述代码可以实现如图 11-10 所示的底部信息显示效果。

实际效果

图 11-10　底部信息显示效果

（6）子页面代码的设计与分析。

根据主页用到的标记和 CSS 样式，我们可以设计各个子页面，展示不同角度的学校风采，下面以课程展示子页面的设计为例。

① 课程展示子页面设计的代码如下：

```
    <!DOCTYPE html>
    <html>
    <head>
    <title>Courses</title>
    <!--css-->
    <link href="css/bootstrap.css" rel="stylesheet" type="text/css" media="all" />
    <link href="css/style.css" rel="stylesheet" type="text/css" media="all" />
    <!--css-->
    <meta name="viewport" content="width=device-width,initial-scale=1">
    <meta http-equiv="Content-Type" content="text/html;charset=utf-8" />
    <meta name="keywords" content="" />
    <script type="application/x-javascript"> addEventListener("load",
function(){setTimeout(hideURLbar,0);},false);function hideURLbar(){window.
scrollTo(0,1);} </script>
    <!--webfonts-->
```

```
    <link href="http://fonts.googleapis.com/css?family=Cagliostro" rel=
"stylesheet" type="text/css">
    <link href="http://fonts.googleapis.com/css?family=Open+Sans:400,300,
300italic,400italic,600,600italic,700,700italic,800,800italic" el=
"stylesheet" type= "text/css">
    <!--webfonts-->
    </head>
    <body>
        <!--header-->
            <div class="header">
                <div class="header-top">
                    <div class="container">
                        <div class="detail">
                            <ul>
                                <li><i class="glyphicon glyphicon-earphone"
aria-hidden="true"></i> + 66666666666</li>
                                <li><i class="glyphicon glyphicon-time" aria-
hidden="true"></i> 周一到周五 9:00 到 18:00 </li>
                            </ul>
                        </div>
                        <div class="indicate">
                            <p><i class="glyphicon glyphicon-map-marker"
aria-hidden="true"></i>学校路 666 号</p>
                        </div>
                        <div class="clearfix"></div>
                    </div>
                </div>
                <div class="container">
                    <nav class="navbar navbar-default">
                        <div class="container-fluid">
                    <!---Brand and toggle get grouped for better mobile
display--->
                            <div class="navbar-header">
                                <button type="button" class="navbar-toggle
collapsed" data-toggle="collapse" data-target="#bs-example-navbar-collapse-1"
aria-expanded="false">
                                    <span class="sr-only">Toggle navigation
</span>
                                    <span class="icon-bar"></span>
                                    <span class="icon-bar"></span>
                                    <span class="icon-bar"></span>
                                </button>
                                <div class="navbar-brand">
                                    <h1><a href="index.html">学校 <span>主页
</span></a></h1>
                                </div>
```

```
                    </div>

                <!-- Collect the nav links,forms,and other content for
toggling -->
                    <div class="collapse navbar-collapse" id="bs-
example-navbar-collapse-1">
                        <nav class="link-effect-2" id="link-effect-2">
                            <ul class="nav navbar-nav">
                                <li class="active"><a href="index.
html"><span data-hover="Home">主页</span></a></li>
                                <li><a href="about.html"><span data-
hover="About">关于我们</span></a></li>
                                <li><a href="services.html"><span data-
hover="Services">提供服务</span></a></li>
                                <li><a href="projects.html"><span data-
hover="Projects">计划与安排</span></a></li>
                                <li><a href="courses.html"><span data-
hover="Courses">课程</span></a></li>
                                <li><a href="codes.html"><span data-
hover="Codes">资源库</span></a></li>
                                <li><a href="contact.html"><span data-
hover="Contact">联系我们</span></a></li>
                            </ul>
                        </nav>
                    </div>
                </div>
            </nav>
        </div>
    </div>
  <!--header-->
    <div class="banner-w3agile">
        <div class="container">
            <h3><a href="index.html">主页</a> / <span>课程</span></h3>
        </div>
    </div>
    <div class="serach-w3agile">
        <div class="container">
            <h3 class="tittle2">查找课程</h3>
            <div class="place-grids">
                <div class="col-md-2 place-grid">
                    <select class="sel">
                        <option value="">专业</option>
                    </select>
                </div>
                <div class="col-md-2 place-grid">
                    <select class="sel">
```

```
                        <option value="">年级</option>
                    </select>
                </div>
                <div class="col-md-2 place-grid">
                    <select class="sel">
                        <option value="">开课学期</option>
                    </select>
                </div>
                <div class="col-md-2 place-grid">
                    <select class="sel">
                        <option value="">课程名</option>
                    </select>
                </div>
                <div class="col-md-4 place-grid">
                    <form action="#" method="post">
                        <input type="submit" value="查找">
                    </form>
                </div>
                <div class="clearfix"></div>
            </div>
        </div>
    </div>

    <!--content-->
    <div class="content">
        <div class="courses-w3ls">
            <div class="container">
                <h2 class="tittle">主要课程</h2>
                <div class="course-grids">
                    <div class="col-md-6 course-grid">
                        <div class="mask">
                            <img src="图片/15.jpg" class="img-responsive
zoom-img" />
                        </div>
                    </div>
                    <div class="col-md-6 course-grid1 gri">
                        <h4>高等数学</h4>
                        <p>广义地说，初等数学之外的数学都是高等数学，也有将
中学较深入的代数、几何以及简单的集合论初步、逻辑初步称为中等数学的，将其作为中小学阶段的初
等数学与大学阶段的高等数学的过渡。</p>
                        <p>通常认为，高等数学是由微积分学，较深入的代数学、
几何学以及它们之间的交叉内容所形成的一门基础学科。</p>
                        <ul class="grid-part">
                            <li><i class="glyphicon glyphicon-ok-
sign"> </i>微积分</li>
                            <li><i class="glyphicon glyphicon-ok-
```

```
sign"> </i>线性代数</li>
                    </ul>
                </div>
                <div class="clearfix"></div>
            </div>
            <div class="course-grids">
                <div class="col-md-6 course-grid1">
                    <h4>编程语言</h4>
                    <p>编程语言（programming language），是用来定义
计算机程序的形式语言。它是一种被标准化的交流技巧，用来向计算机发出指令。一种计算机语言让程
序员能够准确地定义计算机所需要使用的数据，并精确地定义在不同情况下所应当采取的行动。</p>
                    <ul class="grid-part">
                        <li><i class="glyphicon glyphicon-ok-
sign"> </i>机器语言</li>
                        <li><i class="glyphicon glyphicon-ok-
sign"> </i>汇编语言</li>
                        <li><i class="glyphicon glyphicon-ok-
sign"> </i>高级语言</li>
                    </ul>
                </div>
                <div class="col-md-6 course-grid gri">
                    <div class="mask">
                        <img src="图片/16.jpg" class="img-
responsive zoom-img" />
                    </div>
                </div>
                <div class="clearfix"></div>
            </div>
            <div class="course-grids">
                <div class="col-md-6 course-grid">
                    <div class="mask">
                        <img src="图片/18.jpg" class="img-
responsive zoom-img" />
                    </div>
                </div>
                <div class="col-md-6 course-grid1 gri">
                    <h4>大学英语</h4>
                    <p>随着英语的普及，大学生对于英语的掌握程度也要有所
提升，所以在大学我们开设了两学期的英语课程。</p>
                    <p>第一学期的英语课主要培养读和写的能力，第二学期的
英语课主要培养听和说的能力。</p>
                    <ul class="grid-part">
                        <li><i class="glyphicon glyphicon-ok-
sign"> </i>听</li>
                        <li><i class="glyphicon glyphicon-ok-
sign"> </i>说</li>
```

```
                                    <li><i class="glyphicon glyphicon-ok-sign"> </i>读</li>
                                    <li><i class="glyphicon glyphicon-ok-sign"> </i>写</li>
                                </ul>
                            </div>
                            <div class="clearfix"></div>
                        </div>
                    </div>
                </div>
            </div>
            <!--content-->
            <!--footer-->
                <div class="footer-w3">
                    <div class="container">
                        <div class="footer-grids">
                            <div class="col-md-4 footer-grid">
                                <h4>关于我们</h4>
                                <p>希望你可以加入我们，创造属于你的美丽明天。 <span>如果你对我们感兴趣，欢迎前来咨询</span></p>
                            </div>
                            <div class="col-md-4 footer-grid">
                            <h4>美丽校园</h4>
                                <div class="footer-grid1">
                                    <img src="images/w1.jpg" alt=" " class="img-responsive">
                                </div>
                                <div class="footer-grid1">
                                    <img src="images/w2.jpg" alt=" " class="img-responsive">
                                </div>
                                <div class="footer-grid1">
                                    <img src="images/w4.jpg" alt=" " class="img-responsive">
                                </div>
                                <div class="footer-grid1">
                                    <img src="images/w5.jpg" alt=" " class="img-responsive">
                                </div>
                                <div class="footer-grid1">
                                    <img src="images/w6.jpg" alt=" " class="img-responsive">
                                </div>
                                <div class="footer-grid1">
                                    <img src="images/w2.jpg" alt=" " class="img-responsive">
```

```
                        </div>
                        <div class="clearfix"> </div>
                    </div>
                    <div class="col-md-4 footer-grid">
                    <h4>学校信息</h4>
                        <ul>
                            <li><i class="glyphicon glyphicon-map-
marker" aria-hidden="true"></i>学校路 666 号</li>
                            <li><i class="glyphicon glyphicon- earphone"
aria-hidden="true"></i>66666666666</li>
                            <li><i class="glyphicon glyphicon- envelope"
aria-hidden="true"></i><a href="mailto:example@mail.com"> 666666@mail.com </a></li>
                            <li><i class="glyphicon glyphicon-time"
aria-hidden="true"></i>周一到周五 09:00 到 18:00 </li>
                        </ul>
                    </div>
                    <div class="clearfix"></div>
                </div>
            </div>
        </div>
    <!--footer-->
    <!---copy--->
        <div class="copy-section">
            <div class="container">
                <div class="social-icons">
                    <a href="#"><i class="icon1"></i></a>
                    <a href="#"><i class="icon2"></i></a>
                    <a href="#"><i class="icon3"></i></a>
                    <a href="#"><i class="icon4"></i></a>
                </div>
                <div class="copy">
                    <p>Copyright &copy;2018@ <a href="http://
www.cssmoban.com/" target="_blank" title="学校网站">学校网站</a> - Collect from
<a href="http://www.cssmoban.com/" title="学校网站" target="_blank">学校网站
</a></p>
                </div>
            </div>
        </div>
        <!---copy--->

</body>
</html>
```

通过上述代码可以得到如图 11-11 所示的课程展示子页面效果。

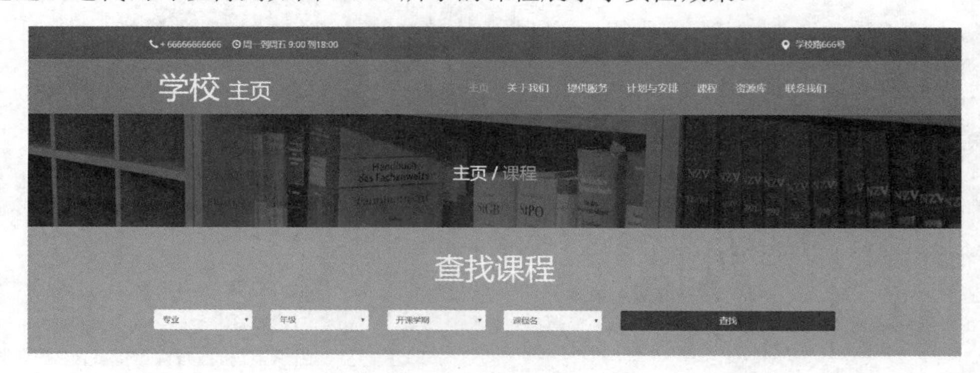

实际效果

图 11-11 课程展示子页面效果图

任务小结

本任务是一个综合实践任务，通过一个完整网站主页制作的全过程，详细介绍了网站设计与制作的工作流程。网页设计是一项综合性很强的工作，涉及的步骤繁多。通过本任务，希望读者可以更深入地理解其中的原理和技巧。

参考文献

[1] 徐琴, 张晓颖. CSS+DIV 网页样式与布局案例教程[M]. 北京：航空工业出版社, 2012.

[2] 姬莉霞, 李学相. HTML5+CSS3 网页设计与制作案例教程[M]. 北京：清华大学出版社，2017.

[3] 传智播客高教产品研发部. HTML5+CSS3 网站设计基础教程[M]. 北京：人民邮电出版社, 2016.

[4] 陶国荣. HTML5 实战[M]. 北京：机械工业出版社，2011.

[5] 盛雪丰，兰伟.HTML5+CSS3 程序设计（慕课版）. 北京：人民邮电出版社，2018.

[6] 李显萍. 网页设计与制作（第 2 版）. 北京：高等教育出版社，2015.

[7] 王维虎，宫婷. 网页设计与开发——HTML、CSS、JavaScript. 北京：人民邮电出版社，2018.

[8] 张晓蕾. 网页设计与制作教程(HTML+CSS+JavaScript). 北京：电子工业出版社，2015.

[9] 刘玉萍. 精通 HTML5 网页设计. 北京：清华大学出版社，2013.

[10] 江平. HTML+CSS 程序设计项目化教程. 武汉：华中科技大学出版社，2015.

[11] 罗保山. 网页设计项目教程(HTML5+CSS3+JavaScript). 北京：电子工业出版社，2017.

[12] Terry Felke-Morris. HTML5 与 CSS3 网页设计基础. 北京：清华大学出版社，2013.

[13] 龙马工作室. 精通 HTML5+CSS3 100%网页设计与布局密码. 北京：人民邮电出版社，2014.

[14] 李红梅. HTML5+CSS3+JavaScript 网页设计项目教程. 北京：电子工业出版社，2014.